Robert Leubner

Einsatzmöglichkeiten von unbemannten Flugobjekten in der Logistik

Robert Leubner

Einsatzmöglichkeiten von unbemannten Flugobjekten in der Logistik

Eine Marktrecherche zur Entwicklung von Einsatzkonzepten

Lehrbuchverlag

Imprint
Any brand names and product names mentioned in this book are subject to trademark, brand or patent protection and are trademarks or registered trademarks of their respective holders. The use of brand names, product names, common names, trade names, product descriptions etc. even without a particular marking in this work is in no way to be construed to mean that such names may be regarded as unrestricted in respect of trademark and brand protection legislation and could thus be used by anyone.

Cover image: www.ingimage.com

Publisher:
Der Lehrbuchverlag
is a trademark of
International Book Market Service Ltd., member of OmniScriptum Publishing Group
17 Meldrum Street, Beau Bassin 71504, Mauritius

Printed at: see last page
ISBN: 978-620-0-27184-6

Abstract

Deutsch:

In der vorliegenden Bachelorarbeit wird der potenzielle Nutzen unbemannter Flugobjekte für die Ersatzteil- und Notfalllogistik untersucht. Basierend auf einer Analyse über die Typisierung und Charakterisierung einzelner unbemannter Flugobjekte werden Einsatzideen entwickelt und vorgestellt. Eine Analyse des Marktes und eine Behandlung der Rechtsverordnungen in Deutschland bilden den Rahmen dazu. Die Einsatzideen werden von konservativ bis progressiv eingeordnet. Konservative Konzepte basieren auf bestehenden Strukturen der Ersatzteillogistik und momentanen Einsatzgebieten unbemannter Luftfahrzeuge, während progressive Entwürfe die technischen Potenziale ausschöpfen, um neue Anwendungsgebiete zu erschließen.

Englisch:

In the following thesis, the potential use of unmanned aerial vehicles for emergency and spare parts logistics is investigated. Based on an analysis of different types and characteristics of unmanned aircraft, possible applications are developed. Furthermore, to provide a framework, a market analysis is examined and forms of legal regulations are discussed. The areas of application are divided into a conservative and progressive scope. The conservative applications deal with the implementation of unmanned aerial vehicles into existing structures of logistics and current areas, where unmanned aircraft is used. On the contrary, the progressive scope aims at how the technological potential can be used to provide different ways of fields of applications.

Vorwort

Die vorliegende Bachelorarbeit entstand im Rahmen meines Bachelorstudiums des Wirtschaftsingenieurwesens. Die Idee dazu hatte mein betreuender Professor Herr Prof. Gestring, dem mein besonderer Dank gilt. Außerdem möchte ich mich bei Ihm und Frau Prof. Kreul für die Betreuung der Arbeit bedanken.

Das Thema entstand im Rahmen einer *slowakischen Arbeitsgruppe*, die sich mit den möglichen Alternativen einer Materialbeschaffung beschäftigen werden. Jedoch ist diese erst in der Entstehung. Die vorliegende Abschlussarbeit soll auch ihnen und ihrer Forschungsarbeit weiterhelfen. Dazu wird eine Zusammenfassung der Ergebnisse in englischer Sprache angefertigt und der Arbeit angehängt.

Ein besonderer Dank gilt auch meiner Familie und Freunden, die mich während des Schreibens beraten und unterstützt haben.

Inhaltsverzeichnis

Tabellen- und Abbildungsverzeichnis

Abkürzungsverzeichnis

AL	-	Auslieferungslager
ALAADy	-	Automated Low Altitude Air Delivery
DIN	-	Deutsche Industrienorm
DLR	-	Deutsches Zentrum für Luft- und Raumfahrt
EASA	-	European Aviation Safety Agency
EOP	-	End of Production
FPV	-	First Person View
HALE	-	High Altitude High Endurance
JARUS	-	Joint Authorities for Rulemaking on Unmanned Systems
LuftVO	-	Luftverkehrs-Ordnung
MALE	-	Medium Altitude High Endurance
MAV	-	Micro air vehicle
NASA	-	National Aeronautics and Space Administration
RL	-	Regionallager
RPV	-	remotely piloted vehicle
SOP	-	Start of Production
SORA	-	Specific Operations Risk Assessment
STUAS	-	Small Tactical unmanned aerial system
SUAS	-	Small unmanned aerial system
TUAS	-	Tactical unmanned aerial system
UA	-	unmanned aircraft
UAS	-	unmanned aerial system
UAV	-	unmanned aerial vehicle
VTOL	-	Vertical Takeoff and Landing
ZL	-	Zentrallager

1. Einleitung

1.1. Motivation

Unbemannte Flugobjekte, den meisten Menschen bekannt unter Drohnen, gewinnen in der Gesellschaft immer mehr an Beliebtheit. Sowohl in der Wirtschaft, als auch bei der Forschung oder behördlich werden Drohnen aufgrund ihrer Vielfältigkeit immer häufiger eingesetzt. Ob für Erkundungszwecke bei archäologischen Ausgrabungen, die Vermessung von Geländeoberflächen, die Feststellung von Erntezeitpunkten oder das Aufspüren von Überlebenden in Katastrophenfällen, das Einsatzspektrum ist sehr weit gefächert und kann meist schneller und kostengünstiger als sonst erledigt werden. (Dieckert & Eich, 2018)

Dabei sind unbemannte Flugobjekte nicht neu. Die Geschichte der UAVs reicht bis in den ersten Weltkrieg, Kalten Krieg und Koreakonflikt zurück, wo sie ausschließlich militärisch genutzt wurden. Aufgrund der Vielseitigkeit der unbemannten Flugobjekte kommen heutzutage eine Reihe anderer Anwendungsgebiete hinzu.

Man muss jedoch zwischen verschiedenen Formen dieser in der Fachwelt genannten „Unbemannten Flugobjekte", beziehungsweise „UAV / UAS" differenzieren. Die meisten Menschen denken bei unbemannten Flugobjekten an Drohnen, welche sich auch privat immer größerer Beliebtheit erfreuen. Jedoch zählen auch militärische Flugobjekte, welche u.a. 20-50 m groß sein können, zu den unbemannten Flugobjekten. Die im Volksmund bekannten „Drohnen" werden in dieser Bachelorarbeit nicht betrachtet.

1.2. Zum Inhalt der Bachelorarbeit

Unbemannte Flugobjekte besitzen ein sehr weit gefächertes Einsatzspektrum. Durch Zeit- und Kosteneinsparungen können sie wirtschaftlich von großem Vorteil sein. In der folgenden Bachelorarbeit wird untersucht, ob autonome UAV in der Logistik, speziell Ersatzteil- und Notfalllogistik für den Transport sinnvoll einsetzbar sind oder nicht. Dabei werden im ersten Teil die theoretischen Grundmodelle zur Ersatzteillogistik vorgestellt. Im Mittelpunkt des zweiten Teils stehen die unbemannten Flugobjekte. Auf Grundlage ihrer Klassifikation und Typisierung werden die UAV zunächst in technischer Hinsicht näher erläutert, bevor heutige Einsatzgebiete vorgestellt werden. Folgende Hypothese wird damit begründet:

Unbemannte Flugobjekte sind technisch in der Lage Notfall- und Ersatzteile sicher zu transportieren.

Des Weiteren wird der Cargo-Transport mit unbemannten Flugobjekten mit dem Transport mit bemannten Frachtflugzeugen verglichen. *Sind unbemannte Flugobjekte für den Cargo-Transport geeigneter als bemannte Flugzeuge?*

Im nächsten Punkt werden kurz die rechtlichen Aspekte rund um unbemannte Flugobjekte in Deutschland beleuchtet. Außerdem wird die Nutzung von Flughäfen und des Luftraumes geprüft.

Im letzten Teil werden auf Grundlage der technischen Merkmale Einsatzszenarien entwickelt. Die verschiedenen Ideen werden von konservativ bis progressiv eingeordnet. Dadurch entsteht eine Sammlung geordneter Einsatzszenarien, wie unbemannte Flugobjekte zukünftig in der Logistik eingesetzt werden könnten.

Zum Schluss wird ein Fazit gezogen und ein kleiner englischer Bericht verfasst um die slowakische Arbeitsgruppe zu unterstützen.

2. Grundlagen der Ersatzteillogistik

2.1. Definition

Der Begriff Ersatzteillogistik wird nach Lasch wie folgt zusammengefasst:

> Die Ersatzteillogistik umfasst die zeitgerechte ganzheitliche Planung, Steuerung, Kontrolle und effiziente Abwicklung der für die Instandhaltung benötigten Ersatzteile in der erforderlichen Menge und Art beim entsprechenden Instandhaltungsprojekt. (2014, S. 286)

Nach DIN 24420 werden Ersatzteile folgendermaßen definiert:

> Ersatzteile sind Teile (z. B. auch Einzelteile), Gruppen (z. B. auch Baugruppen und Teilegruppen) oder vollständige Erzeugnisse, die dazu bestimmt sind, beschädigte, verschlissene oder fehlende Teile, Gruppen oder Erzeugnisse zu ersetzen. (DIN 24420, 1976, S.1, zitiert nach Lasch, 2014, S. 285)

2.2. Einteilung der Ersatzteile

Eine Einteilung kann einerseits nach der Art der Benutzung und andererseits nach ihrer Herkunft vorgenommen werden: (Lasch, 2014, 285 f.)

(1) Benutzungsart

- **Verschleißteile** sind Teile, welche einer betriebsbedingten Abnutzung unterliegen. Durch eine gut vorhersehbare Lebensdauer dieser Teile ist die Bedarfsermittlung weniger schwierig.
- **Reserveteile** sind Teile, welche zufallsbedingt für Ausfälle benötigt werden. Sie werden bereitgehalten um einen schnellen Austausch zu ermöglichen. Sie besitzen eine kleine Bestandsmenge mit einem hohen Bestandswert.
- **Kleinteile** sind Teile, wie z. B. Schrauben, welche in großen Mengen gelagert werden und einen kleinen Bestandswert besitzen.

(2) Herkunft

- **Originalersatzteile** „sind entweder vom Primärprodukthersteller selbst gefertigte Teile [...] oder fremdbezogene und unter seinem Namen vertriebene Teile"
- **Fremdersatzteile** sind Teile, die mit einem anderen Label als das Originalersatzteil versehen werden. Sie können aus der eigenen oder einer fremden Produktion stammen.
- **Gebraucht- bzw. Austauschteile** „sind instand gesetzte Bauteile [...] oder aus Altanlagen ausgebaute, funktionsfähige Teile"

2.3. Besonderheiten der Ersatzteillogistik

Durch einige Charakteristiken der Ersatzteile ergeben sich Besonderheiten in der Ersatzteillogistik. Dadurch lassen sich die Methoden und Prozesse aus der Beschaffungslogistik für primäre Produkte nicht auf die Ersatzteillogistik übertragen. Sie wird damit als eigener Aufgabenbereich mit eigenen Anforderungen beschrieben. (Lasch, 2014, 288 f.)

(1) Großes, umfangreiches, inhomogenes, erklärungsbedürftiges Teilesortiment

Durch sich eine große auf dem Markt befindende Variantenvielfalt müssen Ersatzteile ein großes Produktportfolio abdecken. Zusätzlich erweitert sich das Spektrum durch kundenindividuelle Problemlösungen. Dies resultiert in einer hohen Inhomogenität der Ersatzteile. Sie können groß, sperrig und schwer, aber auch kleines Schüttgut sein. Damit verbunden ist ein erhöhter Informationsaufwand zur korrekten Handhabung.

(2) Sporadische Nachfrage und schlechte Prognostizierbarkeit

„Die Nachfrage nach Ersatzteilen hängt von der Anzahl der verkauften Primärprodukte, deren Lebenszyklus sowie deren Ausfallverhalten ab.“ (Lasch, 2014, S. 288) Durch die unsichere Nachfrage, sind Ersatzteile zudem durch eine schlechte Prognostizierbarkeit gekennzeichnet.

(3) Eilbedürftigkeit der Beschaffung

Meist wird eine ununterbrochene Verfügbarkeit der Ersatzteile zur Reparatur vom Unternehmen oder Kunden vorausgesetzt. Somit ist der Faktor Zeit bei komplexen Distributionsnetzwerken sehr kritisch.

(4) Hohe Kundenanforderungen an die Lieferzuverlässigkeit

„Eine hohe Lieferzuverlässigkeit ist insbesondere dann wichtig, wenn eine Instandhaltungsmaßnahme nur zu bestimmten Zeiten, z. B. während der Maschinen- oder Anlagenstillstand vorgenommen werden kann.“ (Lasch, 2014, S. 289)

(5) Rechtliche Lieferverpflichtungen

„Hersteller sind gesetzlich im Rahmen des Gewährleistungszeitraumes zur Bereitstellung von Ersatzteilen verpflichtet.“ (Lasch, 2014, S. 289) Zudem resultiert aus individuellen Garantieansprüchen die Notwendigkeit einer Ersatzteilbevorratung.

2.4. Akteure in der Ersatzteillogistik

In der Ersatzteillogistik besteht ein spezielles Wettbewerbsumfeld, welches der Hersteller des Primärproduktes beachten muss. Neben ihm gibt es noch andere Anbieter, welche folgendermaßen unterschieden werden: (Lasch, 2014, 290 f.)

(1) Hersteller der Primärprodukte

Allein aus den gesetzlichen Gewährleistungsfristen der Ersatzteilversorgung besteht eine Notwendigkeit zur Verfügbarkeit von Ersatzteilen zu allen Originalteilen des Unternehmens. Um den Marktanteil nicht gegen Drittanbieter einzubüßen, besteht die Herausforderung darin, qualitativ hochwertigere Ersatzteile anzubieten.

(2) Lieferanten der Hersteller

Primärprodukthersteller können u.a. die Ersatzteilversorgung an seine Lieferanten „outsourcen“. Somit ist es möglich Lagerbestände zu reduzieren und auch nach Ende der Produktion eine sichere Ersatzteilversorgung zu gewährleisten. Jedoch können Lieferanten auch als Konkurrenten in der Ersatzteilversorgung agieren.

(3) Drittanbieter

Drittanbieter können ebenfalls als Wettbewerber in der Ersatzteilversorgung auftreten. Meist bieten diese Ersatzteile verschiedener Unternehmen zu billigeren Preisen an, weswegen es für den Primärprodukthersteller wichtig ist, qualitativ einen Unterschied zu machen.

(4) Ersatzteilpiraten

Ersatzteilpiraten verstoßen gegen Patentrechte und bieten nachgebaute Ersatzteile meist billiger und mit minderer Qualität an.

2.5. Lebenszyklus des Ersatzteilbedarfs

Um den Ersatzteilbedarf besser beschreiben zu können, kann der Produktlebenszyklus des Primärproduktes herangezogen werden. Dieser kann in eine Einführungs-, Konsolidierungs- und Degenerationsphase unterteilt werden. Analog dazu kann er Lebenszyklus der Ersatzteile in drei Phasen unterteilt werden. (siehe Abbildung 1)

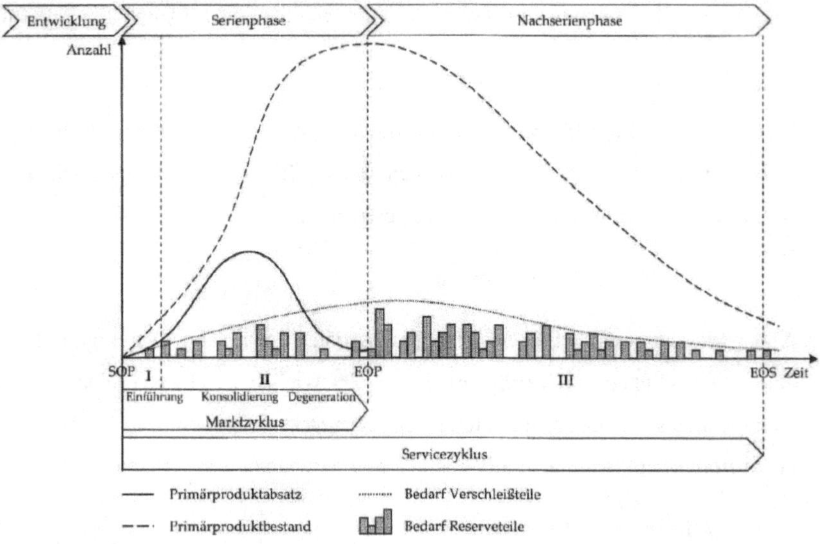

Abbildung 1: *Lebenszyklus des Ersatzteilbedarfs*
Quelle: Lasch, 2014, S. 292

Lasch beschreibt die Phasen des Lebenszyklus von Ersatzteilbedarfen zusammengefasst folgendermaßen: (Lasch, 2014, 292 ff.)

Phase 1 beginnt nach dem SOP des Primärproduktes. Da bis jetzt wenige Produkte hergestellt wurden, ist eine Abschätzung des Ersatzteilbedarfs nur aufgrund von Erfahrungen der Marketingabteilungen möglich. Zudem ist eine Verwendung von Altteilen zum Austausch noch nicht möglich.

In Phase 2 befindet sich der gesamte restliche Lebenszyklus des Primärproduktes bis EOP. Aufgrund des zunehmenden Verkaufes von Primärprodukten, steigt auch der Bedarf an Ersatzteilen an. Außerdem bestehen nun aufgrund verwertbarerer Informationen bessere statistische Prognosen für den Bedarf.

In Phase 3 ist der höchste Bedarf an Ersatzteilen zu erwarten, da nun alle Primärprodukte auf dem Markt sind und sich durch begrenzte Nutzungsdauern ein höherer Verschleiß ergibt. Somit ist kurz nach EOP mit dem höchsten Bedarf an Ersatzteilen zu rechnen. In dieser Phase greifen viele Hersteller auch zunehmend auf die Wiederverwendung von Altteilen zurück, da die Ersatzteilfertigung wenig rentabel ist. Der Hersteller muss sich dann die Frage stellen, wie lange er die Ersatzteilbereitstellung aufrechterhalten möchte.

2.6. Distributionsstrategien für Ersatzteile

„Ziel der Ersatzteildistribution ist die zeitlich, mengenmäßig und räumlich abgestimmte Zusammenführung der Ersatzteile mit den instand zu haltenden Primärprodukten der Kunden." (Lasch, 2014, S. 311)

Weiterhin führt Lasch (2014, 311 ff.) in seinen Ausführungen an, dass ein Netzwerk aus zentralen und dezentralen Lagern für die Ersatzteildistribution optimal ist. Die Lieferungen sollten flexibel einsetzbar und schnell erfolgen, um sowohl Eillieferungen, als auch Regelabwicklungen ausführen zu können.

Für ein flexibles Distributionsnetzwerk ist das „Ersatzteil-Pooling" eine alternative Form um den Bedarf zu decken. Bei unerwarteten Bedarfsspitzen können beispielsweise Ersatzteile aus anderen Auslieferungslagern mithilfe von Notfalltransporten eingesetzt werden. Außerdem können vorbeugend Teile umgeschichtet werden. Beim Pooling sind mehrere Lagerstufen beteiligt. Lasch bezieht in seinen Ausführungen Zentral-, Regional- und Auslieferungslager ein. (2014,

312 ff.) Zudem nennt er drei verschiedene Pooling-Arten, die im folgenden Abschnitt kurz aufgezeigt werden:

(1) Vertikales Pooling

Beim vertikalen Pooling werden jeweils die Lager von einer vorgelagerten Lagerstufe versorgt. Die Auslieferungslager sind dezentral stationiert und beliefern den Kunden mit den nötigen Ersatzteilen. Bei Lagerrückständen werden per Eillieferungen Teile aus dem Regionallager in das Auslieferungslager transportiert.

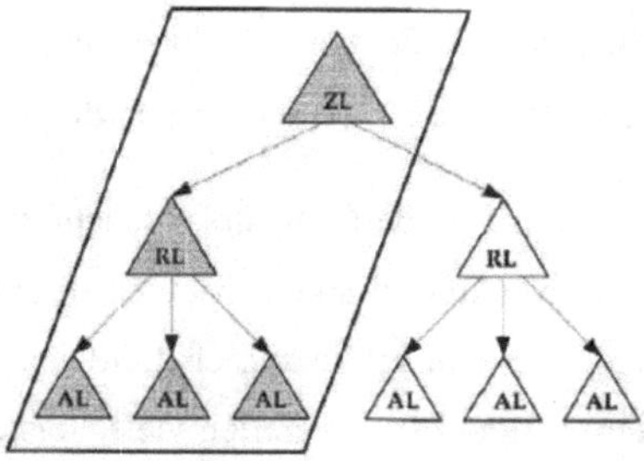

Abbildung 2: *Vertikales Pooling*
Quelle: Lasch, 2014, S. 313

(2) Horizontales Pooling

Das horizontale Pooling zeichnet sich durch eine Umlagerung der Teile zwischen den Auslieferungslagern aus. Somit können teure oder seltene Ersatzteile kostengünstiger in nur einem Auslieferungslager aufbewahrt werden und bei Bedarf in ein anderes Lager transportiert werden. Insbesondere bei kurzen Transportwegen zwischen den Lagern ist diese Form sinnvoll.

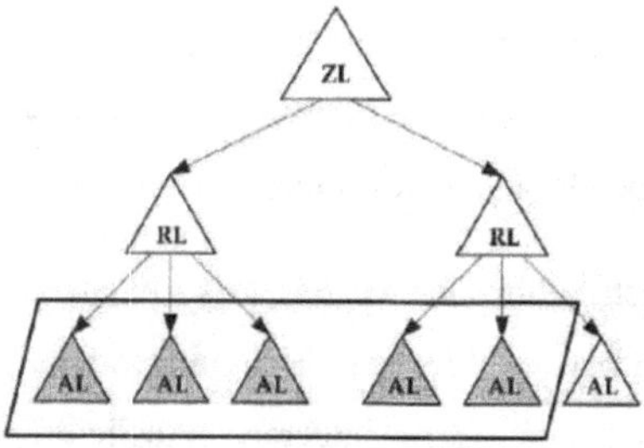

Abbildung 3: *Horizontales Pooling*
Quelle: Lasch, 2014, S. 313

(3) Laterales Pooling

Laterales Pooling eignet sich besonders bei Ersatzteillieferungen hochwertiger und teurer Teile. Hier können zentrale Lager einer unterschiedlichen Distributionsstufe dezentrale Lager im Notfall beliefern.

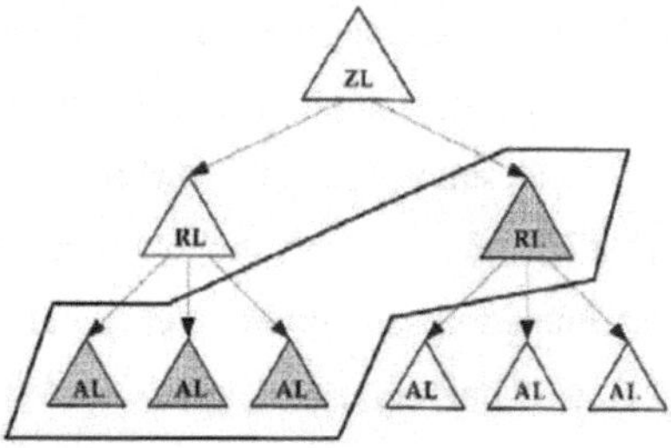

Abbildung 4: *Laterales Pooling*
Quelle: Lasch, 2014, S. 314

3. Stand der Technik

3.1. Struktur und Bedeutung des Güterverkehrs

Der Güterverkehr ist die Basis für eine funktionierende Logistik. „Indem Güterverkehr und Logistik Güter dorthin transportieren, wo sie von Menschen gebraucht werden, schaffen sie die materiellen Voraussetzungen für die Entfaltung der Menschen ebenso wie für den gesellschaftlichen Austausch, der sich im Handel mit Gütern und Produkten manifestiert.“ (Bundesministerium für Verkehr, Bau und Stadtentwicklung, 2008, S. 8) Ebenso sind Unternehmen und ihre Produktion auf diesen funktionierenden Prozess angewiesen. Das Bundesministerium für Verkehr Bau und Stadtentwicklung beschreibt die Wichtigkeit des Güterverkehrs folgendermaßen:

> Deutlich wird dies besonders dann, wenn die Transport- und Lieferkette einmal nicht reibungslos funktioniert. Nicht selten kommt es dann binnen kürzester Zeit zu Produktionsausfällen; und es tritt ins Bewusstsein, was angesichts des in der Regel gut funktionierenden Verkehrs- und Logistiksystems in Deutschland weitgehend in Vergessenheit geraten ist, dass nämlich nahezu jeder Arbeitsplatz in Industrie und Gewerbe direkt oder indirekt von einem funktionierenden Logistik- und Verkehrssystem abhängt. (2008, S. 9)

Folgende Grafik zeigt die Aufteilung des Güterverkehrs nach dem Güteraufkommen der Verkehrsträger in der Europäischen Union im Jahr 2016:

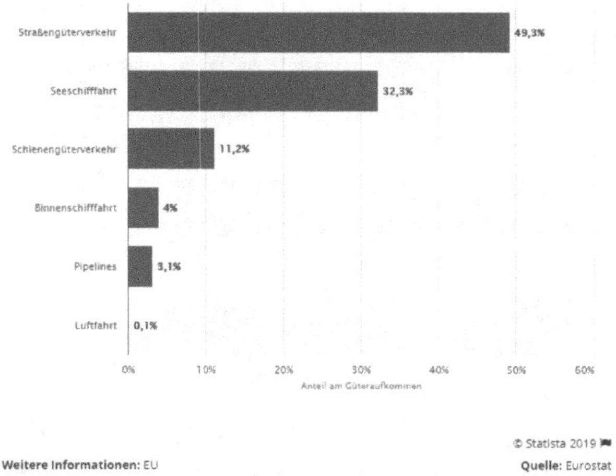

Abbildung 5: *Güterverkehr der EU im Jahr 2016 nach Verkehrsträgern (Anteil an der Transportleistung)*
Quelle:https://de.statista.com/statistik/daten/studie/282282/umfrage/gueteraufkommen-nach-verkehrstraegern-in-europa/ (Zugriff: 18.07.2019)

Den größten Anteil am Transport von Gütern und Materialien besitzt der Straßengüterverkehr. Dagegen fällt nur 0,1% des Transportaufkommens auf die Luftfahrt, sei es mit bemannten oder unbemannten Flugobjekten.

Im Rahmen von Klimaschutz- und Lärmaspekten ergeben sich Herausforderungen für den Güterverkehr, die mit den momentanen Strukturen nicht mehr zu bewältigen sind. Um den Straßenverkehr zu entlasten, ist eine teilweise Verlagerung des Güterverkehrs auf die Schiene und das Binnengewässer nötig. Eine weitere Problemlösung könnte dabei ein Gütertransport mit unbemannten Flugobjekten sein.

3.2. Unbemannte Flugobjekte

3.2.1. Definition

Jha A.R. beschreibt unbemannte Flugobjekte, engl. „unmanned aerial vehicles" (UAV), folgendermaßen:

> Essentially, a UAV is considered an aircraft without a human pilot. All aerodynamic functions can be controlled either by the onboard sensors or by a human operator in a ground control location or by the deployment of autonomous electronic and electro-optical systems. (Jha, 2017, S. 1)

Des Weiteren sind privat genutzte Drohnen von gewerblich genutzten unbemannten Flugobjekten laut Bundesministerium für Verkehr und digitale Infrastruktur zu unterscheiden:

> Unter einer „Drohne" versteht man ein unbemanntes Fluggerät. Das Luftrecht unterscheidet zwischen unbemannten Luftfahrtsystemen und Flugmodellen. Gemäß § 1 Luftverkehrsgesetz handelt es sich bei unbemannten Luftfahrtsystemen um ausschließlich gewerblich genutzte Geräte. Flugmodelle sind hingegen privat, also zum Zwecke des Sports oder der Freizeitgestaltung genutzte Geräte. (BMVI, 2019)

Im Englischen gibt es verschiedene Begriffe, die unbemannte Flugobjekte beschreiben. Neben den Begriffen UAV und UAS gibt es noch den Begriff RPV (Remotely Piloted Vehicle), der verwendet wird, „wenn es sich um ein ferngesteuertes und nicht um ein autonomes Flugobjekt handelt." (Deutscher Bundestag, 2014, S. 5) Zudem gibt es eine Reihe weitere Bezeichnungen, die sich meist aus der Funktion und Technik der Geräte ableiten.

Je nach Art der Steuerung besteht eine Differenzierung zwischen dem „unmanned aerial vehicle“ – UAV und dem „unmanned / unattended aicraft system“ - UAS, welche Dieckert und Eich beschreiben: „Danach wird das UAV zum UAS, wenn der Ausrüstungszustand des UAV mit einer Flugsteuerung (Hardware) und einem Autopiloten (Software) den automatischen Flug ermöglicht.“ (2018, S. 4) Des Weiteren ist das UAS vollkommen automatisiert: „Die UAS-Drohne folgt den Steuerbefehlen eines Autopiloten (Software) und wird nicht mehr aktiv vom Piloten am Boden gesteuert. Die UAS-Drohne fliegt den am PC offline aufgestellten Kurs automatisch mit Satellitenunterstützung und völlig automatisiert in eigenstabiler Lage ab.“ (Dieckert & Eich, 2018, S. 4) Somit gehört zu einem UAS neben dem eigentlichen Fluggerät (UAV) auch eine Bodenkontrollstation mit entsprechenden Kommunikationseinrichtungen.

In den folgenden Ausführungen werden die Akronyme UAV und UAS beide als Abkürzung für die unbemannten Flugobjekte verwendet.

3.2.2. Typisierung und technische Merkmale

„The UAV system includes four elements: (1) air verhicle; (2) ground control station; (3) payload; (4) maintenance/support system.“ (Sadraey, 2017, Preface) In diesem Kapitel geht es innerhalb des „umanned aerial system“ um die Charakterisierung der UAV-Typen.

Unbemannte Flugobjekte werden in verschiedene Klassifikationen eingeteilt. Dabei spielen u.a. die Parameter Größe, Gewicht, Reichweite und Flughöhe eine Rolle. Die Spanne reicht von privat genutzten Quadrokoptern bis zu 18t schweren militärischen UAVs.

Tabelle 1 zeigt die die Merkmale der verschiedenen Klassifikationen:

Tabelle 1: *UAV Klassifikation*
Quelle: In Anlehnung an Sadraey, 2017, S. 4

Klasse	Gewicht (kg)	Flügel-spannweite (m)	Max. Flughöhe (m)	Reichweite (km)	Max. Flugdauer (h)	Systembeispiel
(1) Micro	0,09	< 0,1	15 m	0,1 - 0,5	< 1	Honeywell RQ-16A T-Hawk
Mini	0,09 - 0,5	0,1 – 0,3	30 m	0,5 - 1	< 1	Fulmar X

Very Small	0,9 - 2,3	0,3 -0,5	305 m	1 - 5	1 - 3	IAI Malat Mosquito
(2) Small	2,3 - 9	0,5 - 2	305 - 1500	10 - 1000	0,5 - 2	Lockheed Martin Desert Hawk EER
Medium	45 - 450	5 - 10	3000 - 4500	500 - 2000	3 - 10	Boeing Eagle Eye
Large	4500 - 13600	20 - 50	6000 - 12000	1000 - 5000	10 - 20	Northrop Grumman Global Hawk RQ-4A
(3) Tactical / Combat	450 - 9000	10 - 30	3000 - 9000	500 - 2000	5 - 12	NASA Sierra
(4) Medium Altitude Long Endurance	450 - 4500	15 - 40	4500 - 9000	20.000 - 40.000	20 - 40	General Atomics MQ-1B Predator
(5) High Altitude Long Endurance	> 2250	20 - 50	15000 - 21000	20.000 - 40.000	30 - 50	Northrop Grumman Global Hawk RQ-4A

Erkennbar ist, dass sich die Typen in manchen Merkmalen überschneiden. So ist beispielsweise der Northrop Grumman Global Hawk RQ-4A ein HALE- und Large – UAV.

Innerhalb des Militärs besteht eine Klassifikation, basierend auf einem „Tier-System“. Sadraey beschreibt sie folgendermaßen: Unter „Tier 1“ fallen alle Missionen mit einer großen Reichweite und geringen Flughöhe., während „Tier 2“ UAV-Flüge mit einer großen Reichweite und mittleren Flughöhe sind. Diese sind beispielsweise durch MALE-UAVs durchzuführen. Zu „Tier 2+“ gehören HALE-UAVs. Unter „Tier 3-“ fallen HALE-UAVs, welche zu Spionagezwecken genutzt werden. (2017, S. 3)

(0) Vertical Takeoff and Landing (VTOL)

Vertical Takeoff and Landing – Systeme sind eine Sonderform der UAV. “VTOL systems do not require runways, they can hover at a three-dimensional point” (Gundlach, 2016, S. 30). Somit können sie fast von überall starten und ein Transport zu einem Flugplatz oder -hafen ist nicht nötig.

Die meisten VTOL-Systeme sind “short range and low endurance” (Gundlach, 2016, S. 30). Das beste Beispiel dafür sind Helikopter und Multicopter. Jedoch ist auch mit entsprechenden Vorrichtungen VTOL für UAV mit starren Flügeln möglich. Dies ist sehr vorteilhaft, denn sie sind in der Lage danach einen stabilen Flug mit höherer Geschwindigkeit durchzuführen.

Folgende Abbildung zeigt ein unbemanntes Flugobjekt mit Rotoren für den benötigten Auftrieb zum Starten:

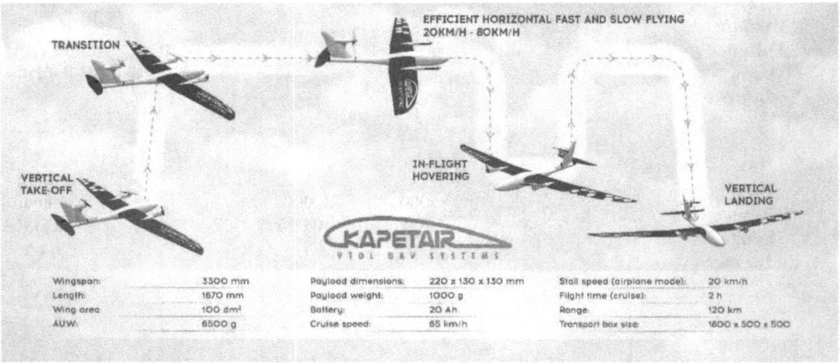

Abbildung 6: *Kapetair VTOL Spezifikationen*
Quelle: http://kapetair.com/ (Zuletzt geprüft am 21.06.2019)

(1) Micro Air Vehicles (MAVs)

Micro Air vehicles sind die kleinsten unbemannten Flugobjekte mit einer maximalen Länge von 10 cm. „MAVs hold promise of low unit costs in production. However, development cost can be high due to the engineering required to achieve the miniaturized integrated systems.“ (Gundlach, 2016, S. 18)

Aufgrund ihrer geringen Masse und Wendigkeit werden sie meist in urbanen Regionen oder innerhalb von Gebäuden für Zwecke wie Fotografie und Videoaufnahmen verwendet. Außerdem sind sie durch ihre, im Vergleich, geringen Kosten und der möglichen Massenproduktion dazu geeignet, in Schwärmen eingesetzt zu werden. (Gundlach, 2016, S. 19)

Die Klassifikationen Mini und Very Small Air Vehicles sind in ihren technischen Merkmalen den Micro Air Vehicles sehr ähnlich. Ebenfalls sind ihre Einsatzgebiete identisch, weswegen hier nicht weiter auf sie eingegangen werden soll.

(2) Small Unmanned Aircraft Systems (SUAS)

Kleine unbemannte Flugobjekte mit einer Größe von einem halben bis zu zwei Metern besitzen eine hohe Flexibilität und somit eine Vielzahl an Einsatzmöglichkeiten. Zudem besitzen sie vorteilhafte Merkmale: "Due to their small size, there is less potential for damage in a crash or mid-air collision. The affordability provides low barriers to entry." Weiterhin sind sie flexibel einsetzbar: "These systems often do not require runways, and they have great operational flexibility." (Gundlach, 2016, S. 20)

Small Unmanned Aircraft Systems sind die am weitest verbreiteten unbemannten Flugobjekte, sowohl im privaten, als auch im gewerblichen Nutzen. Grund dafür sind die relativ geringen Kosten und Flugvoraussetzungen. (Gundlach, 2016, S. 20)

Im militärischen Bereich sind nennenswerte Beispiele der „AeroVironment Pointer" und der „Lockheed Martin Desert Hawk". (Gundlach, 2016, S. 20)

(2.1) Small Tactical UAS (STUAS)

STUAS sind eine Mischform der SUAS und Tactical UAS, obwohl sie mit einem Gewicht von ca. 22 bis 90 kg schwerer und auch größer sind. (Gundlach, 2016, S. 22) Somit gehören sie technisch zu den „Medium Unmanned Aerial Vehicles".

STUAS besitzen gegenüber SUAS eine größere Traglast und höhere Höchstflugdauer. „STUAS payload capacity range from 2.5 to 50 lb." (entsprechen ca. 1 bis 22 kg). "The typical endurance of 12 to 24 hr means fewer launch and recovery cycles than with electric SUAS vehicles". Außerdem: "Most STUAS are runway independent. Launch is typically performed by a pneumatic rail launcher." (Gundlach, 2016, S. 22)

Ein typischer Vertreter dieser UAV-Klassifikation ist der " Boeing Insitu Integrator (RQ-21A Blackjack). Folgende Tabelle zeigt seine technischen Charakteristiken:

Tabelle 2: *Boeing Insitu Integrator Merkmale*
Quelle: In Ahnlehnung an Gundlach, 2016, S. 23

Merkmal	Wert
Flügelspanne	4,9 m
Max. Startgewicht	61 kg
Maximale Traglast	18 kg
Höchstflugdauer	24 h
Maximale Flughöhe	6000 m
Max. Fluggeschwindigkeit	166 km/h
Startmethode	Pneumatische Startrampe
Preis	Ca. 8,8 Mio. USD - inklusive Bodenkontrollstation, Start- und Landeequipment (Keller, 2013)

Trotz dessen, dass der Integrator nur Güter bis zu 18 kg transportieren kann, ist er sehr flexibel und schnell einsetzbar. „Integrator derives its name from the goal of easily integrating new payloads." (Gundlach, 2016, S. 22) Dies erreicht er durch Platz für Nutzlast in der Nase und dem Rumpf des Flugobjektes. Abbildung 7 zeigt den Integrator. Zudem wird auf der rechten Seite der Abbildung die pneumatische Startrampe, die Bodenkontrollstation und der Landeapparat gezeigt. Durch den sogenannten „Sky Hook" kann das Luftfahrzeug mithilfe einer Leine aufgefangen werden.

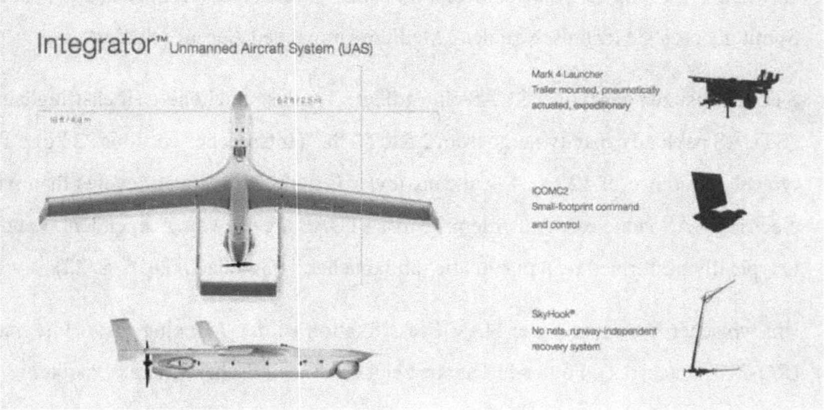

Abbildung 7: *Boeing Insitu Integrator*
Quelle: http://insitupacific.com.au/integrator/ (Zuletzt geprüft am 20.06.2019)

(3) Tactical / Combat Unmanned Aerial Systems (TUAS)

Tactical Unmanned Aerial Systems sind die nächstgrößere Klasse nach den Small Tactical Unmanned Aerial Systems. Verglichen mit ihnen sind TUAS hingegen mit hohen Entwicklungs- und Betriebskosten verbunden. Aufgrund dessen wurden sie bislang nur militärisch genutzt. Jedoch bieten sie einen großen Vorteil, denn: „These systems may be used when the payload weight exceeds the capacity of smaller systems.“ (Gundlach, 2016, S. 24)

Ein Vetreter dieser Klasse ist das UAV „NASA SIERRA“. Dieses unbemannte Flugobjekt wurde von der NASA für verschiedene wissenschaftliche Missionen konzipiert. Es besitzt folgende technische Merkmale:

Tabelle 3: *NASA SIERRA Charakteristiken*
Quelle: In Anlehnung an Gundlach, 2016, S. 25

Merkmal	Wert
Flügelspanne	6 m
Startgewicht	140 kg
Maximale Traglast	45 kg
Höchstflugdauer	8-10 h; 2,5 h mit 45 kg Traglast
Maximale Flughöhe	3600 m
Max. Fluggeschwindigkeit	146 km/h
Startmethode	Konventionelle Start- und Landebahn

Damit ist der NASA SIERRA zwar größer und kann mehr als das Doppelte an Traglast als der Insitu Integrator bewältigen, doch er ist etwas langsamer und kann nur etwa ein Drittel so lange fliegen. Die Traglast kann hier ebenfalls in den sogenannten „payload bays“ im Inneren des Rumpfes und der Nase verstaut werden.

Abbildung 8 zeigt einen NASA Sierra auf einem Flugplatz.

Abbildung 8: *NASA SIERRA*
Quelle: https://ad.hq.nasa.gov/na.html (Zuletzt geprüft am 21.06.2019)

(4) Medium-Altitude Long-Endurance (MALE)

MALE UAS sind mit einem Gewicht bis zu 4,5 t und einer sehr hohen Reichweite für längere Strecken sehr gut geeignet. Dadurch sind sie in der Lage eine Vielzahl anspruchsvollerer Missionen als STUAS oder TUAS durchzuführen.

Außerdem können sie größere Mengen Güter transportieren. Meistens wird dies militärisch genutzt. „Many MALE systems are capable of carrying high-bandwidth satellite communications systems and external weapons loads." (Gundlach, 2016, S. 25). Weiterhin besitzen MALE-UAV externe Vorrichtungen um Traglasten nicht nur im Rumpf oder der Nase zu verstauen. Dadurch wird jedoch die Flugdauer erheblich gesenkt. (Gundlach, 2016, S. 25).

Durch eine Flügelspannweite von 15-40 m setzen MALE-UAV eine entsprechende Infrastruktur voraus. Sie können nur mithilfe von entsprechendem Equipment auf Landebahnen von Flugplätzen / -häfen starten und landen. Bis dato konnten durch die Größe und das Gewicht „VTOL systems" nicht zum Einsatz gebracht werden. Außerdem werden Hangars benötigt um Instandhaltungsarbeiten durchzuführen. (Gundlach, 2016, S. 26)

Ein typischer Vertreter dieser Gruppe ist der „General Atomics MQ-1B Predator". Er wird bislang militärisch für Überwachungs-, Aufklärungs- und bewaffnete Missionen von der U.S. Airforce eingesetzt. Folgende Tabelle zeigt seine technischen Merkmale:

Tabelle 4: *General Atomics MQ-1B Predator*
Quelle: In Anlehnung an U.S. Air Force, 2015

Merkmal	Wert
Flügelspannweite	16,8 m
Startgewicht	512 kg
Maximale Traglast	204 kg
Reichweite	1240 km
Maximale Flughöhe	7620 m
Max. Fluggeschwindigkeit	217 km/h
Startmethode	Konventionelle Start- und Landebahn
Kosten	20 Mio. USD

Eine weiterentwickelte Variante ist der „MQ-1C Gray Eagle", welcher bei verbesserten Flugleistungen, eine höhere Nutzlast ermöglicht.

Abbildung 9 zeigt einen solchen MQ-1B Predator:

Abbildung 9: *MQ-1B Predator*
Quelle: U.S. Air Force, 2015

(5) High-Altitude Long-Endurance (HALE)

„HALE UAS are sophisticated, high-performance systems." (Gundlach, 2016, S. 26) Unbemannte Flugobjekte der Klasse High-Altitude Long-Endurance fliegen oberhalb des normalen Flugverkehrs auf einer Höhe von 15 – 18km. Der Aufstieg und Abstieg erfolgt dabei meist in gesicherten Flugräumen um den restlichen Flugverkehr nicht zu behindern. (Gundlach, 2016, S. 27) Sie werden bislang militärisch oder für Forschungszwecke von der NASA benutzt.

Ein Vertreter dieser Klasse ist der „Northrop Grumman Global Hawk RQ-4 for NASA". Dieses UAV untersucht für die NASA chemische Zusammensetzungen der Atmosphäre und Wirbelstürme. Außerdem wurde sie nach den Terrorangriffen „9/11" für militärische Missionen verwendet. (Gundlach, 2016, S. 28)

Es gibt verschiedene Versionen des Global Hawk, unter anderem die Varianten RQ-4A und RQ-4B, wobei der RQ-4B etwas größer und schwerer ist. Er kann mehr transportieren, jedoch besitzt er eine geringere Reichweite. Folgende Tabelle zeigt die technischen Charakteristiken des Global Hawk RQ-4A.

Tabelle 5: *Global Hawk RQ-4A Merkmale*
In Anlehnung an Gundlach, 2016, S. 27

Merkmal	Wert
Flügelspanne	35 m
Max. Startgewicht inkl. Last	11,6 t
Maximale Traglast	680 kg
Höchstflugdauer	> 31 h
Maximale Flughöhe	19 km
Reichweite	20372 km
ø Fluggeschwindigkeit	620 km/h
Startmethode	Konventionelle Start- und Landebahn
Preis	Ca. 220 Mio. USD (Hegmann, 2019)

Dieses unbemannte Luftfahrzeug wird in Abbildung 10 gezeigt:

Abbildung 10: *Northrop Grumman Global Hawk RQ-4*
Quelle: Northrop Grumman Corporation, 2019

3.2.3. Einordnung der verschiedenen Typen

Um eine Vergleichbarkeit über die Tragekapazitäten der einzelnen unbemannten Flugobjekte zu erhalten, sind in folgender Tabelle ausgewählte Beispiele von UAVs mit ihren maximalen Traglasten aufgeführt. Dabei werden kleine und Mikro-UAVs außer Acht gelassen.

Tabelle 6: *Traglasten verschiedener UAVs*
Quelle: In Anlehnung an Sadraey, 2017, S. 171

Name	**Klasse**	**Reichweite (km)**	**Ø Geschwin-digkeit (km/h)**	**Max. Startge -wicht (kg)**	**Max. Traglast (kg)**	**Transport-vorrichtungen**
1 Northrop Grumman RQ-4B Global Hawk	HALE	22800	620	14628	1360	Stauraum im Rumpf
2 AAI RQ-7B Shadow	Tactical	110	165	170	45	Rumpf
3 NASA Sierra	Tactical	963	146	140	45	Rumpf + Nase
4 General Atomics MQ-1B Predator	MALE	1240	217	512	20	Rumpf und Nase + externe Befestigungs-vorrichtungen
5 General Atomics MQ-1C Gray Eagle	MALE	3750	250	1630	363	wie bei MQ-1B Predator

6 IAI Heron 1 (Bundeswehr, 2019)	MALE	> 4860	162	1150	250	Rumpf + Nase
7 Boeing Insitu Integrator	STUAS	3984	166	61	18	Rumpf + Nase
8 Lockheed Martin Desert Hawk EER	Small	130 - 650	65	40 - 44	7 - 11	Rumpf
9 A-160 Hummingbird	VTOL Helikopter	4023	306	2948	454	Tragevorrichtungen an der Unterseite
10 Northrop Grumman MQ-8 Fire Scout	VTOL Helikopter	203	230	1429	227	Tragevorrichtungen an der Unterseite

Je nach Größe des Vehikels unterscheiden sich die Traglasten von 18 kg bis zu 1,36 t. Dabei können die Nutzlasten meist im Inneren des UAV verstaut werden. Das hat den Vorteil, dass die Güter vor äußeren Umwelteinflüssen und Witterung geschützt sind. Außerdem werden dadurch aerodynamische Flugeigenschaften nicht behindert. Bei besonders sperrigen bzw. großen Gütern ist es mit den MALE-UAVs MQ-1B und der Weiterentwicklung MQ-1C ein externer Transport möglich. Dadurch werden jedoch die Flugeigenschaften beeinträchtigt.

Basierend auf der in Tabelle 6 dargestellten technischen Merkmale lässt sich die Hypothese „*Unbemannte Flugobjekte sind technisch in der Lage Notfall- und Ersatzteile sicher zu transportieren.*“ bestätigen.

Die UAVs aus Tabelle 6 sind in den folgenden zwei Matrizen nach jeweils zwei Parametern dargestellt. Einerseits wird eine Einteilung nach ihrem Gewicht und ihrer Reichweite gezeigt. Andererseits sind die UAVs nach ihrer Geschwindigkeit und ihrer maximal zu transportierenden Zuladungsmasse dargestellt.

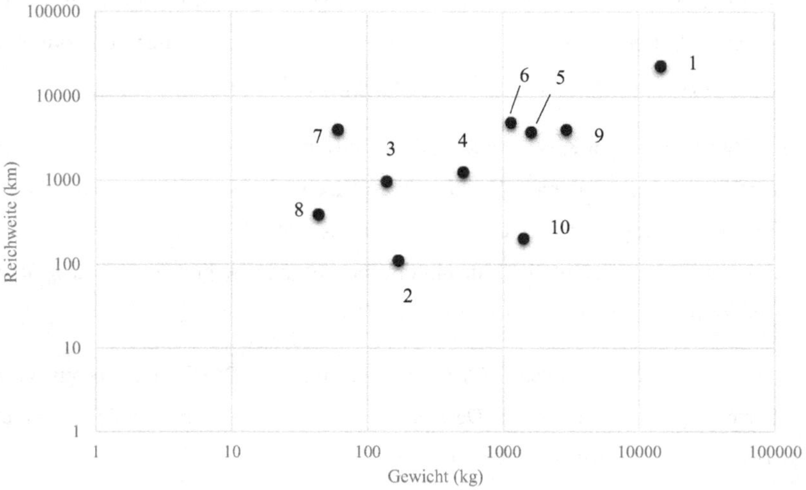

Abbildung 11: *Einteilung der UAV nach Gewicht und Reichweite*

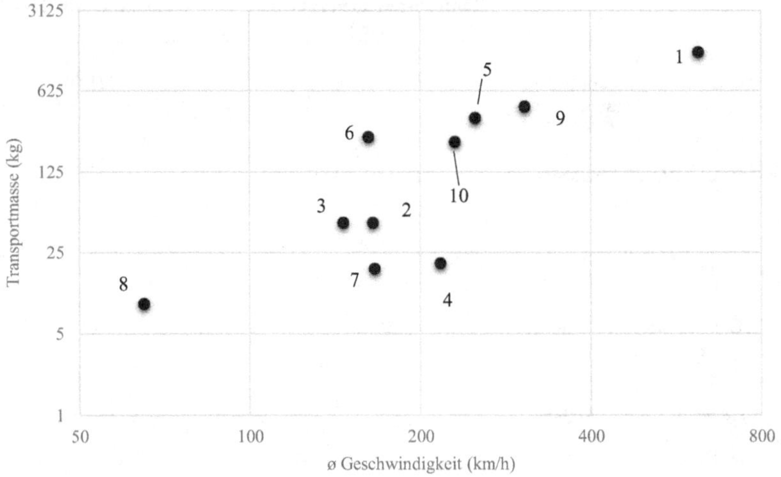

Abbildung 12: *Einteilung der UAV nach Geschwindigkeit und Transportmasse*

Qualitativ können die Matrizen folgendermaßen interpretiert werden: In beiden Abbildungen ist zu erkennen, dass sich die Werte grob einer Geraden anordnen. Da die Achsen logarithmisch skaliert sind, ist zur Proportionalität wenig zu sagen. Eine gewisse Streuung ist in beiden Abbildungen vorhanden. Beispielsweise ist aus Abbildung 11 zu erkennen, dass UAV 6 vorteilhafter als UAV 10 ist, da es bei ungefähr demselben Gewicht eine höhere Reichweite besitzt. Auch die

Transportmasse ist bei beiden Flugobjekten ungefähr gleich. Lediglich hat UAV 10 den Vorteil, dass es schneller fliegen kann. Ob diese Eigenschaften nun vorteilhafter sind, müssen vom Anwendungsfall abhängig gemacht werden.

Im Folgenden sollen Kosten und Transportleistung der obigen UAVs ins Verhältnis gesetzt werden. Tabelle 7 zeigt die Daten zu jeweiligen Vehikeln. Die Transportleistung ist eine statistische Kennzahl, welche die jeweilige Leistungsfähigkeit zeigt. 1 Tonnenkilometer / Stunde ist gleich ein Transport von Gütern im Gewicht von 1t über 1km in 1h. (Krieger)

Leider ist nicht zu jedem UAV eine zuverlässige Quelle für dessen Preis / Herstellungskosten zu finden. Deshalb sind in der folgenden Tabelle zu manchen UAVs keine Angaben getätigt worden.

Tabelle 7: *Kosten und Transportleistung einzelner UAVs*

Name	**Kosten in Mio. USD (umfasst UAV, Kontrollstationen, Zubehör, etc.)**	**Transportleistung in tkm/h (= max. Traglast * ø Fluggeschwindigkeit)**
1 Northrop Grumman RQ-4B Global Hawk	220,00	421,60
2 AAI RQ-7B Shadow	16,00 (Deagel, 2009)	7,40
3 NASA Sierra	k.A.	6,57
4 General Atomics MQ-1B Predator	20,00	44,30
5 General Atomics MQ-1C Gray Eagle	21,50 (US Government Accountability Office, 2015, S. 101)	90,75
6 IAI Heron 1	k.A.	40,5
7 Boeing Insitu Integrator	8,80	3,00
8 Lockheed Martin Desert Hawk EER	0,30 (Lettice, 2003)	0,60
9 A-160 Hummingbird	15,00 (Defense Industry Daily, 2012)	138,9

10 **Northrop Grumman MQ-8 Fire Scout**	k.A. (US Government Accountability Office, 2019, S. 125)	52,21

Diese Daten können ebenfalls in einer Matrix dargestellt werden:

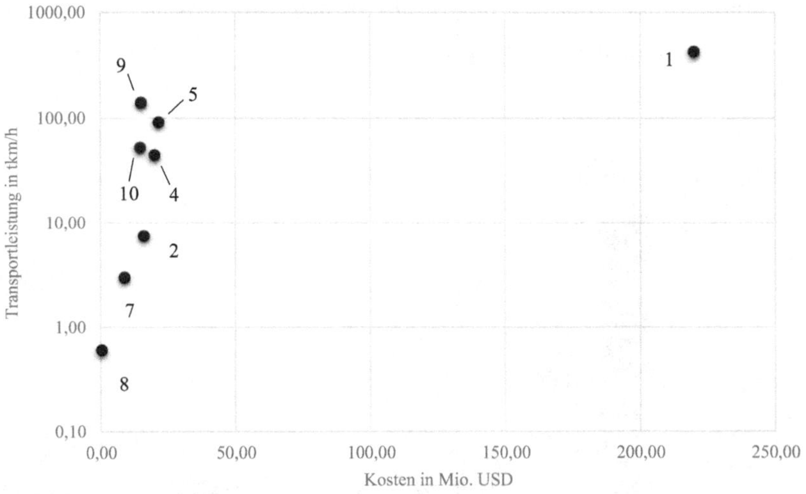

Abbildung 13: *Vergleich der UAVs in einer Kosten-Transportleistungs-Matrix*

Auffällig ist hier der Northrop Grumman RQ-4B Global Hawk, welcher um ein Vielfaches teurer als die restlichen UAVs sind. Der Grund für den Ausreißer könnte sein, dass der Global Hawk für militärische Aufklärungsmissionen und nicht für einen Transport von Gütern entwickelt wurde. Da die Achsen logarithmisch skaliert sind und die Punkte außer Punkt 1 auf ungefähr einer Linie sich befinden, kann kein Schluss über die Proportionalität der beiden Werte geschlossen werden.

3.2.4. Der Markt für UAVs

„Der globale Markt für unbemannte Flugsysteme wird von U.S.-amerikanischen Firmen beherrscht. Eine herausragende Rolle spielen auch israelische Firmen.“ (Petermann & Grünwald, 2011, S. 11) Israel haben 2009 mit gut 230 Stück die meisten unbemannten Flugobjekte produziert. Danach folgen die USA mit 84 Einheiten. (Petermann & Grünwald, 2011, S. 12) Dies bestätigt auch folgende Abbildung, in der der Anteil der exportierten Drohnen je Land im Zeitraum von 2010 bis 2014 dargestellt ist:

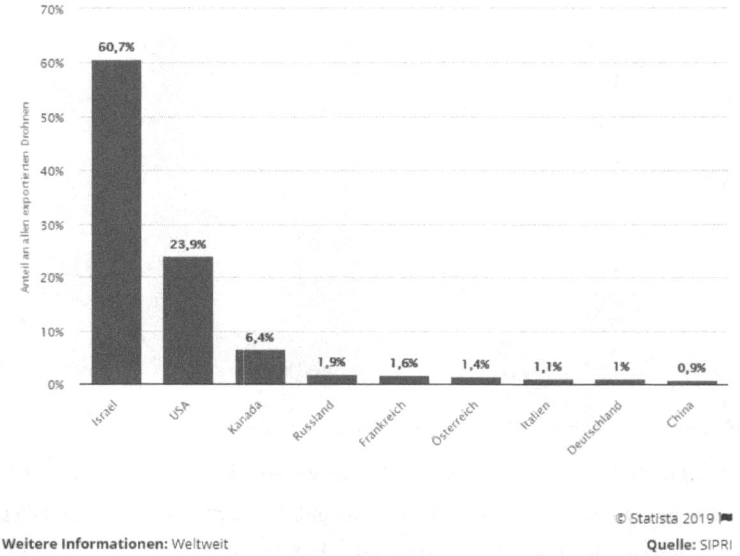

Abbildung 14: *Länder mit den meisten exportierten unbemannten Luftfahrzeugen (Drohnen) im Zeitraum vom 2010 bis 2014 (Anteil an allen importierten Drohnen)*
Quelle: https://de.statista.com/statistik/daten/studie/432686/umfrage/laender-mit-den-meisten-exportierten-drohnen/ (Zuletzt geprüft: 18.07.2019)

Die größten Importeure waren 2009 die Vereinigten Arabischen Emiraten (90 UAS), gefolgt von Indien (68 UAS) und Rumänien (65 UAS). Weiterhin führen Petermann und Grünwald aus, dass der internationale Handel mit großen UAV im Vergleich zum Handel mit bemannten Flugobjekten eher gering ausfällt. „Beispielsweise wurden von 2000 bis 2009 etwa 580 Systeme transferiert (bemannte Luftfahrzeuge etwa 10550).“ (Petermann & Grünwald, 2011, S. 12)

Auch militärisch hat sich der Markt für unbemannte Flugobjekte rasant entwickelt. Petermann zitiert dabei eine Quelle des U.S. Government Accountability Office, bei dem sich der Bestand von 50 UAS im Jahr 2000 auf über 6000 UAS im Jahr 2008 gesteigert hat. (Petermann & Grünwald, 2011, S. 19)

Eine Prognose wie sich der Markt für unbemannte Luftfahrzeuge in Zukunft entwickeln kann, zeigen die beiden folgenden Abbildungen:

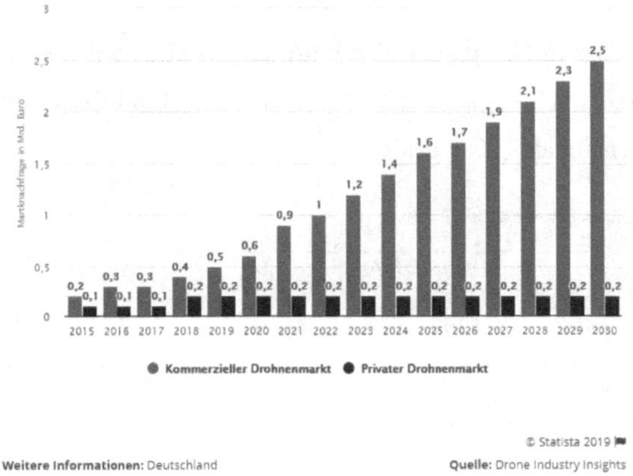

Abbildung 16: *Prognose der Nachfrageentwicklung auf dem Markt für privat und kommerziell genutzte Drohnen in Deutschland im Zeitraum der Jahre 2015 bis 2030 (in Milliarden Euro; Stand: Februar 2019)*
Quelle:
https://de.statista.com/statistik/daten/studie/972655/umfrage/prognose-der-entwicklung-der-nachfrage-auf-dem-drohnenmarkt-in-deutschland/
(Zuletzt geprüft: 18.07.2019)

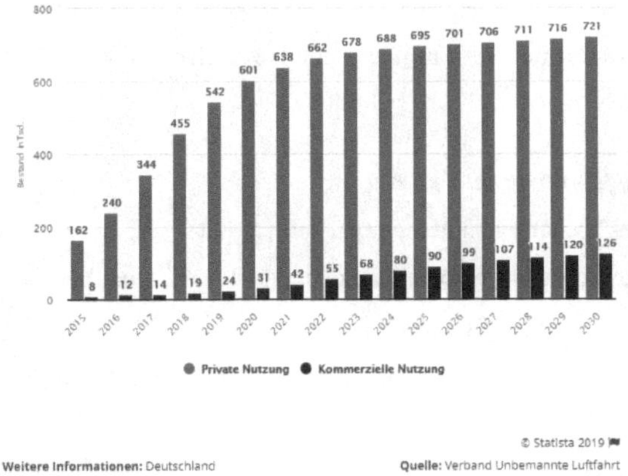

Abbildung 15: *Prognose des Bestandes an kommerziell und privat genutzten Drohnen in Deutschland in den Jahren 2015 bis 2030 (in 1.000; Stand: Februar 2019)*
Quelle:
https://de.statista.com/statistik/daten/studie/972642/umfrage/bestand-an-privat-und-kommerziell-genutzten-drohnen-in-deutschland
(Zuletzt geprüft: 18.07.2019)

Beide Grafiken sind aus einer Umfrage von „Drone Industry Insights" entstanden. Speziell der Markt für kommerzielle UAV wird nahezu linear expandieren. Parallel dazu wird auch der Bestand an UAVs im privaten, sowie kommerziellen Sektor anwachsen. Als Grund wird davon ausgegangen, dass durch zukünftige Regulierungen das Potenzial der UAVs größer ausgeschöpft werden kann.

Weiterhin wird auch der Umsatz mit gewerblich genutzten Drohnen laut einer Statistik von „Tractica" aus dem Jahre 2015 exponentiell ansteigen. Demnach erwirtschaften UAVs im Jahre 2025 einen Gesamtumsatz von über 3 Mrd. USD, 2015 waren es rund 99,5 Mio. USD. (Tractica, 2016)

3.2.5. Hersteller

Gemäß einer Studie des „UVS International" werden eine Mehrzahl der unbemannten Flugobjekte in Europa und den USA hergestellt. Die „UVS International" ist eine internationale non-profit Organisation, welche sich mit Themen rund um UAS beschäftigt. Vertreten sind u.a. die EASA und die NATO.

Tabelle 7 zeigt die Anzahl der in Europa und den USA hergestellten unbemannten Flugsystemen im Jahr 2009. Als „Light UAS" werden hier alle UAV bezeichnet, welche ein Gewicht von weniger als 150kg besitzen.

Tabelle 8: *"Quantity of UAS Produced in Europe & USA"*
Quelle: In Anlehnung an van Blyenburgh, 2009, S. 33

	Anzahl „Light UAS"	UAS
Europa	146	77
USA	203	138

Anhand der Tabelle kann man erkennen, dass die USA gegenüber Europa einen größeren Anteil am UAV-Markt besitzen. Einige große Hersteller aus den USA sind beispielsweise folgende:

- Northrop Grumman Corporation
  (Weltweit führendes Sicherheitsunternehmen mit ca. 85000 Mitarbeitern und Fokus auf autonome Logistik-, Cyberabwehr- und Militärsysteme.)
- General Atomics Aeronautical Systems
  (Hersteller für UAVs, Überwachungs- und Radarsysteme für militärische und zivile Anwendungen.)
- Boeing, Boeing Insitu
- Lockheed Martin Corporation

Die größten europäischen Hersteller sind folgende:

- Safran Electronics & Defense (Frankreich)
- Airbus
- Dassault Aviation (Frankreich)
- BAE Systems (Großbritannien)
- Schiebel (Österreich)

In Deutschland sind Unternehmen wie „EMT Penzberg“ und „Rheinmetall Defence“ unter den UAV-Herstellern am größten vertreten.

Der größte UAV- und Drohnenexporteur ist, wie in Kapitel 3.2.4. gesehen, Israel. Der größte Hersteller ist hierbei das staatliche Unternehmen „Israel Aerospace Industries (IAI)“. Daneben gibt es noch „Aeronautics Ltd.“, „Elbit Systems Ltd.“ und diverse Start-Ups.

3.2.6. Momentane Einsatzgebiete

Unbemannte Flugobjekte, sowie Drohnen werden bereits heutzutage vielseitig eingesetzt. Zu unterscheiden ist dabei eine Nutzung für militärische, zivile / private und gewerbliche Zwecke. Abbildung 14 zeigt, gemäß einer Umfrage mit professionellen Anwendern von Drohnen und UAVs, die anteiligen Einsatzbereiche in Deutschland im Jahr 2019:

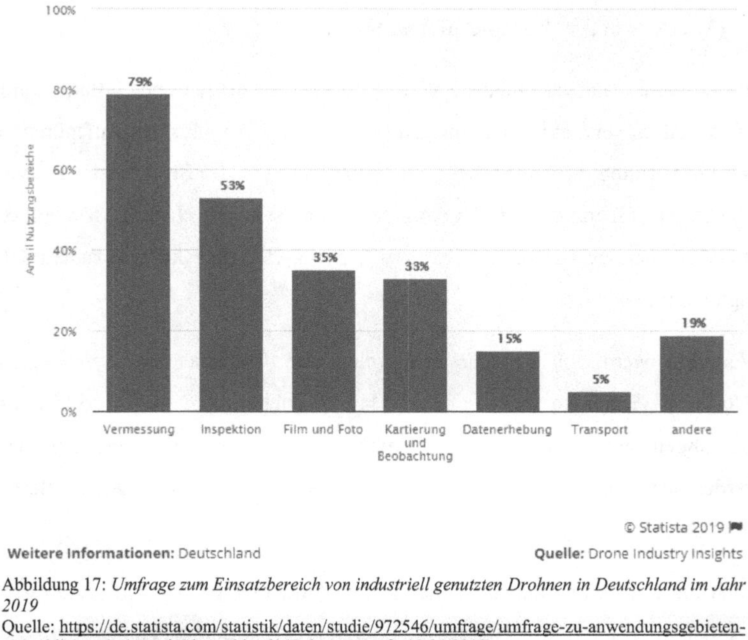

Abbildung 17: *Umfrage zum Einsatzbereich von industriell genutzten Drohnen in Deutschland im Jahr 2019*
Quelle: https://de.statista.com/statistik/daten/studie/972546/umfrage/umfrage-zu-anwendungsgebieten-gewerblicher-drohnen-in-deutschland/ (Zuletzt geprüft: 18.07.2019)

Am meisten werden somit UAVs zu Vermessungszwecken verwendet. Lediglich 5% finden sich im logistischen Transportbereich wieder. Im folgenden Abschnitt werden die momentanen Einsatzgebiete kurz beschrieben.

(1) Zivile / private Nutzung

Im privaten Umfeld kommen meist die typischen „Drohnen" zum Einsatz, da sie erschwinglicher als größere UAVs sind. Einerseits finden sie als Freizeitobjekte immer größere Beliebtheit, sei es für eigene Bild- und Videoaufnahmen oder bei dem sogenannten „FPV Racing" (First Person View Racing), wo mithilfe einer Virtual-Reality-Brille eine Quadrocopter-Drohne durch einen Parcours gelenkt werden muss.

(2) Gewerbliche Nutzung

Im gewerblichen Umfeld werden UAVs immer öfter für Auslieferungen und Überwachungszwecke erprobt. Für Videodrehs und Filmproduktionen gehören sie hingegen regelmäßig zum Repertoire. (Jha, 2017, S. 17) Auch bei großen Sportevents kommen Drohnen zum Einsatz. Beispielsweise wurden viele Sportarten bei den Olympischen Winterspielen 2014 in Sotschi live mithilfe von Drohnen aufgezeichnet.

(3) UAVs in der Wissenschaft und Forschung

UAVs werden auf verschiedene Weisen für Vermessungen und Luftaufnahmen von Landschaften verwendet. Es wird daran geforscht UAVs für das Aufspüren von Öl- und Gasvorräten zu verwenden. Durch eine Analyse der Struktur der Erdschichten erlaubt es Geophysikern Vorkommen von seltenen Erden, Mineralien und Ölvorkommen aufzuspüren. (Jha, 2017, S. 18–19) Dies könnte zudem Ölfirmen zugutekommen.

Weiterhin werden UAVs für meteorologische Untersuchungen verwendet. Der „Northrop Grumman RQ-4 Global Hawk" (siehe Abb. 10) wird für exaktere Messungen und Voraussagen in Wirbelstürme geschickt. Die gesammelten Daten werden dann ausgewertet und den nationalen Wettervorhersagen weitergeleitet. (Jha, 2017, S. 20)

Auch die NASA arbeitet mit unbemannten Flugobjekten. Es wird daran geforscht, UAVs in den Luftraum sicher zu integrieren um Wildtiere zu zählen und zu sichten, atmosphärische Phänomene zu untersuchen oder Analysen für die Landwirtschaft durchzuführen. (Lillian Gipson, 2019)

(4) Unbemannte Flugobjekte in der Logistik

Für logistische Zwecke kommen heutzutage speziell kleine UAVs im „Business-to-Consumer“ – Bereich zum Einsatz. Obwohl die Idee schon länger besteht, ist der Einsatz noch nicht weit verbreitet:

> The idea of unmanned cargo aircraft is not new. According to a study by MacSween-George, 2003, discussions between Northrop Grumman and FedEx about automating a freighter aircraft occurred more than a decade ago. […] MacSween-George performed a public opinion survey to determine views of UA use. One question was „Would you support the FAA [Federal Aviation Administration] in allowing UAVs to transport cargo (FedEx, UPS, etc.)?“ This question received mostly favorable responses. (Gundlach, 2016, S. 254)

Jedoch sind unbemannte Flugobjekte in der Logistik heutzutage noch relativ irrelevant, wie folgende Grafik zeigt:

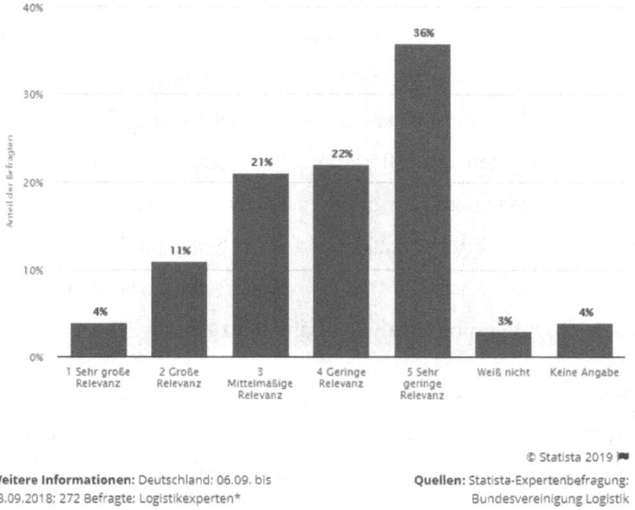

Abbildung 18: *Wie bewerten Sie die Relevanz von Drohnen für Ihr Unternehmen?*
Quelle: https://de.statista.com/prognosen/943344/expertenbefragung-zu-drohnen-in-der-logistikbranche-in-deutschland (Zuletzt geprüft: 19.07.2019)

Diese Umfrage wurde unter Beschäftigten, welche in der Logistikpraxis oder IT-Dienstleistung arbeiten, durchgeführt. Sie zeigt, dass UAVs und Drohnen in der Logistikbranche noch nicht weit verbreitet sind.

Nichtsdestotrotz gibt es Beispiele für solche unbemannten Flugobjekte in der Logistik. Diese sind der DHL Paketkopter, Amazon Prime Air oder Google Project Wing.

Der Paketkopter von DHL kommt speziell dann zum Einsatz, wenn eine Paketauslieferung durch fehlende Infrastruktur nicht möglich ist. Auf der Nordseeinsel Juist wird dies erfolgreich erprobt: „In dringenden Fällen versorgte der DHL Paketkopter die Bewohner der Insel mit notwendigen und eiligen Medikamenten." (Deutsche Post DHL Group, 2019)

Amazon Prime Air, als auch Google Project Wing verfolgen ebenfalls das Ziel Pakete schneller und umweltfreundlicher an Kunden auszuliefern. Allerdings kommen beide Projekte in Deutschland noch nicht zum Einsatz.

- Projekt ALAADy

Das Projekt ALAADy (Automated Low Altitude Air Delivery) des Instituts für Flugsystemtechnik unter Aufsicht des Deutschen Zentrums Luft- und Raumfahrt (DLR) beschäftigt sich mit den Anwendungen von Drohnen für den Transport von Gütern zur humanitären Hilfe und Ersatzteillieferungen, welche flexibel on-demand geliefert werden müssen. Im Gegensatz zu den oben vorgestellten Projekten, beschäftigt sich ALAADy mit größeren UAVs und höheren Traglasten. Dazu werden UAVs mit größer 1 Tonne Nutzlast erprobt. Zudem wird in dem Projekt der Einsatz mit geringen Flughöhen bis 150 m untersucht. (Dauer, 2016) Die Ansätze dieses Projektes sollen danach auf sehr große unbemannte Flugobjekte übertragen werden und hinsichtlich der Wirtschaftlichkeit und Sicherheit geprüft werden. „Die Vision ist es, einen sicheren, kostengünstigen, realisierbaren, verträglichen, integrierten automatischen Lufttransport im zivilen Luftraum zu ermöglichen." (Dauer, 2016)

Zudem sollen komplett autonome Konzepte zur Frachtentladung entwickelt werden, um Szenarien ohne Cargo-Infrastruktur am Zielort abzudecken. Ein Beispiel sind autonome Frachtroboter, welche die Ladung nach der Landung autonom dem unbemannten Flugobjekt entnehmen.

Folgende Abbildung zeigt die geplanten Supply Chains im theoretischen Modell des Projektes ALAADy:

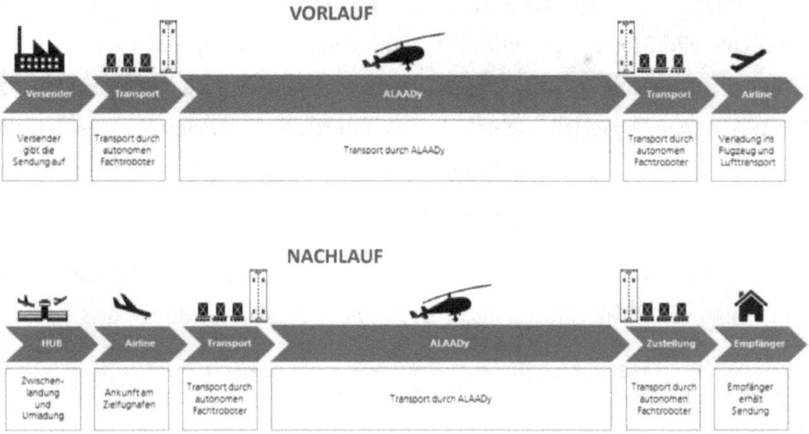

Abbildung 19: *Logistikkette - Integration von ALAADy und autonomen Robot-Dolly Containersystem*
Quelle: Meincke, 2018

Das erprobte unbemannte Flugobjekt ist dabei ein Gyrokopter mit folgenden technischen Daten: (Meincke, 2018)

- Nutzlast: 1000 kg
- Maximales Startgewicht: 2500 kg
- Maximale Start- / Landebahnlänge: 400 m
- Reichweite: 600 km
- Reisegeschwindigkeit: 200 km/h
- Frachtraummaße: 1,2 x 3 x 1,3 m^3

Da sich die maximale Abflugmasse bei rund 2500 kg befindet, lassen sich die UAVs in diesem Projekt den großen UAVs zuordnen. „Die ALAADy-Flugzeugkonfiguration müsste gemäß der erforderlichen Reichweite und der Abflugmasse den Bereichen der HALE (High Altitude Long Endurance) - oder der MALE (Medium Altitude Long Endurance) - Konfigurationen zugeordnet werden." (Hasan, 2017, S. 6) Lediglich durch die geringere Reichweite und eine relativ bodennahe Flughöhe weichen die ALAADy-UAVs von den momentan genutzten großen UAVs ab. Jedoch ist dieses Projekt von einer hohen Wirtschaftlichkeit gekennzeichnet, wodurch sich die UAVs signifikant von den momentan vergleichbaren militärisch genutzten UAVs unterscheiden.

3.2.7. Vergleich mit Cargo- / Frachtflugzeugen

Heutzutage ist es weit verbreitet Güter mit bemannten Fracht- und Cargo-Flugzeugen von Flughafen zu Flughafen zu transportieren. „Large cargo aircraft often operate with multiple pilots for compatibility with airport and airspace operations, as well as for safety.“ (Gundlach, 2016, S. 253) Das liegt unter anderem auch daran, dass Flughäfen und Flugzeuge speziell aufeinander ausgerichtete Kommunikationseinrichtungen besitzen. Auch der rechtliche Rahmen ist für bemannte Flugzeuge in der jetzigen Zeit genauer definiert als für unbemannte Fluggeräte.

In folgender Tabelle sind einige Daten des Northrop Grumman Global Hawk RQ-4A und eines der größten Frachtflugzeuge, Boeing 777F, dargestellt.

Tabelle 9: *Vergleich des UAVs Global Hawk RQ-4A mit dem Frachtflugzeug Boeing 777F*
Quelle: In Anlehnung an Gundlach, 2016, S. 27 und Lufthansa Cargo AG, 2019

	Northrop Grumman Global Hawk RQ-4A	Boeing 777F
Max. Startgewicht	11,6 t	Ca. 348 t
Max. Traglast	680 kg	Ca. 103 t
Reichweite	20372 km	9045 km
Ø Fluggeschwindigkeit	620 km/h	896 km/h
Startmethode	Start- und Landebahn	Start- und Landebahn
Kosten	Ca. 220 Mil. USD (Hegmann, 2019)	Ca. 325,7 Mil. USD (Steinke, 2017)
Ø CO2- Ausstoß pro 100 km bei einem 2000 km Flug	k.A.*	1533 kg (Notgemeinschaft der Flughafen-Anlieger Hamburg e.V., 2019)
Transportleistung (=Traglast * Fluggeschwindigkeit)	421,6 tkm/h	92288 tkm/h

* aufgrund des geringeren Gewichts und einer ca. 8%igen Schubkraft der Triebwerke der Boeing 777F müsste der CO2-Ausstoß um ein Vielfaches kleiner sein.

Vergleicht man die Wirtschaftlichkeit der beiden Systeme, kommt man zu folgendem Schluss: Für große Cargo-Transporte sind die Kosten für Crew und Piloten vergleichsweise gering. (Gundlach, 2016, S. 253) Damit sich unbemannte Flugobjekte somit als Alternative durchsetzen können, müssen sie wirtschaftlich von Vorteil sein und gleichzeitig einen genauso sicheren Flug gewährleisten. Potenzial besteht in den geringeren Emissionen der unbemannten Flugobjekte. Auch ein elektrischer Antrieb, wie bereits bei kleineren UAVs eingesetzt wird, wäre vorstellbar. Momentan wird der Global Hawk mit zwei Rolls Royce Triebwerkmotoren angetrieben.

Technisch betrachtet, sehen Petermann und Grünwald einen möglichen Vorteil der unbemannten Luftfahrtsysteme: „[...] insbesondere bei langandauernden Missionen stellen sich unbemannte Systeme aufgrund überlegender Flugdauer und Standzeiten leistungsstärker als bemannte Systeme dar." (Petermann & Grünwald, 2011, S. 12) Weiterhin kann durch den Einsatz von UAV gegenüber bemannten Flugzeugen eine gewisse Risikominimierung für die Crew gewährleistet werden. Durch die Verlagerung der Crew aus dem Fluggerät zu einer Bodenkontrollstation wird im Falle von Katastrophenfällen das Unfallrisiko für Menschen eliminiert.

Die Transportleistung der Boeing 777F ist mehr als 20x so groß wie die des Global Hawk. Vergleichend mit den Kosten der beiden Vehikel stellt sich heraus, dass die Boeing 777F effizienter ist. Sie kann weitaus mehr transportieren und ist schneller.

Somit ist aus heutiger Sicht die Frage aus den oben genannten Argumenten *„Sind unbemannte Flugobjekte für den Cargo-Transport geeigneter als bemannte Flugzeuge?"* zu verneinen. Jedoch besitzen UAVs wie der Global Hawk das Potenzial flexibler, billiger und umweltfreundlicher zu sein.

3.3. Rechtliche Rahmenbedingungen

In diesem Abschnitt werden die rechtlichen Gegebenheiten rund um unbemannte Flugobjekte erläutert. Es wird sich auf die Regelungen und Gesetze in Deutschland beschränkt. Internationale bzw. europäische Standards werden außer Acht gelassen.

Einerseits geht es um die Gesetzlichkeiten in Deutschland und andererseits um die Regelungen UAVs von Flughäfen starten zu lassen.

(1) Regelungen zu UAVs und zur Nutzung des Luftraumes in Deutschland

In diesem Abschnitt wird sich größtenteils auf die Luftverkehrs-Ordnung (LuftVO) des Bundesministeriums für Verkehr und digitale Infrastruktur vom 29.10.2015 bezogen. (Bundesministerium für Verkehr und digitale Infrastruktur, 16.09.1963/2015) Diese Verordnung gilt als Ergänzung zur europäischen „Durchführungsverordnung (EU) Nr. 923/2012 der „Standardised European Rules of the Air" vom 05.12.2014.

Der relevante Abschnitt 5a „Betrieb von unbemannten Luftfahrtsystemen und Flugmodellen" wurde im BGBl. | S. 683 vom 30.03.2017 in Artikel 2 der Luftverkehrs-Ordnung hinzugefügt.

Um UAVs gewerblich nutzen zu können, muss laut §21 Absatz 1 LuftVo vor der Nutzung des kontrollierten Luftraums und des Luftraums über Flugplätzen mit Flugverkehrskontrollstelle bei der zuständigen Flugverkehrskontrollstelle eine Flugverkehrskontrollfreigabe eingeholt werden. Dies gilt für ungesteuerte Flugkörper mit Eigenantrieb, wie auch für unbemannte Luftfahrtsysteme.

Laut §21a Absatz 1 Satz 1 LuftVO bedürfen unbemannte Luftfahrtsysteme und Flugmodelle mit mehr als 5 Kilogramm Startmasse einer Erlaubnis. Diese wird laut Absatz 2 Satz 1 erteilt, wenn der Betrieb nicht zu einer Gefahr für die Sicherheit des Luftverkehrs oder die öffentliche Sicherheit oder Ordnung wird, die Vorschriften zu Datenschutz und Naturschutz nicht verletzt und laut Satz 2 der Schutz vor Fluglärm angemessen berücksichtigt wird.

Laut §21b LuftVO gibt es eine Reihe von Szenarien, bei denen der Betrieb von UAVs verboten ist. Auf diese soll hier nicht genauer eingegangen werden, denn laut §21b Absatz 3 kann in begründeten Fällen die zuständige Behörde Ausnahmen erteilen, solange die Sicherheit nach §21a Absatz 3 Satz 1 erfüllt ist. Außerdem besteht eine Ausnahme für all diese Verbotsszenarien laut §21a Absatz 2: „Keiner Erlaubnis [...] bedarf der Betrieb von unbemannten Luftfahrtsystemen durch oder unter Aufsicht von

1. Behörden, wenn dieser zur Erfüllung ihrer Aufgaben stattfindet;
2. Organisationen mit Sicherheitsaufgaben im Zusammenhang mit Not- und Unglücksfällen sowie Katastrophen."

Somit ist ein Betrieb unbemannter Flugobjekte mit dem Nutzen Notfallgüter für Krankenhäuser / Laboratorien schnell zu beschaffen, laut § 21a Absatz 2 LuftVO legitim.

Der Betrieb von unbemannten Luftfahrtsystemen mit einer Startmasse von mehr als 25 Kilogramm ist zudem nach §21b Absatz 2 LuftVO ebenfalls generell verboten, außer die zuständige Behörde erteilt auf Grundlage der Sicherheitsvorschriften eine Ausnahme.

Eine Nutzung von UAVs bedarf somit in den meisten Fällen eine Ausnahmegenehmigung durch lokale Behörden. Speziell eine Transportlogistik mit UAVs im MALE und HALE – Bereich ist mit wahrscheinlich hohem bürokratischem und rechtlichem Aufwand verbunden. Etwas einfacher dürfte eine Nutzung zur Notfall- und Katastrophenlogistik sein, denn hierfür bestehen schon gesetzlich beschriebene Ausnahmeregelungen, welche regelmäßige Einsätze auch großer UAVs ermöglichen.

(2) Nutzung von Flughäfen und -plätzen in Deutschland

In der Luftverkehrs-Ordnung des Bundesministeriums für Verkehr und digitale Infrastruktur ist laut § 21a Absatz 1 Satz 2 der Betrieb von unbemannten Luftfahrtsystemen in einer Entfernung von weniger als 1,5 Kilometern von einem Flugplatz erlaubnispflichtig. Außerdem bedarf der Betrieb auf Flugplätzen einer Zustimmung der Luftaufsichtsstelle und der Flugleitung. Eine Beantragung muss in Sachsen 2 bis 3 Arbeitstage vor der geplanten Nutzung beim Tower der Deutschen Flugsicherung GmbH des jeweiligen Flughafens Dresden oder Leipzig erfolgen. (Landesdirektion Sachsen, 2018)

(3) Zuständige Behörde

Zuständig für eine Erlaubniserteilung nach § 21a Absatz 1, sowie die Erteilung von Ausnahmeregelungen nach § 21b Absatz 2 und 3 ist laut § 21c die örtlich zuständige Luftfahrtbehörde des Landes.

(4) Zertifizierung unbemannter Flugobjekte

Die „European Aviation Safety Agency“ (EASA) hat aufgrund der neuesten Entwicklungen von unbemannten Flugobjekten neue Sicherheitsvorschriften erstellt. Diese sind in Deutschland bislang noch nicht in Kraft getreten.

Die Zertifizierung betrifft lediglich unbemannte Flugobjekte, welche in nationalem Luftraum fliegen. In diesem Fall wird sich auf Deutschland beschränkt. Somit werden alle Fälle nicht beachtet, wo das UAV über die Grenzen hinaus agiert, da sonst mehrere Autorisierungen nötig sind. (European Aviation Safety Agency, 2015, S. 5)

Unbemannte Flugobjekte werden danach in drei unterschiedliche Kategorien eingeteilt: „Offene Kategorie“, „Spezifische Kategorie“ und „Zertifizierte Kategorie“. (EASA, 14) Diese Einteilung geschieht auf der Grundlage des Sicherheitsrisikos, welches das UAV auf „Dritte“ darstellt. Größe und Gewicht spielen bei der Einteilung keine Rolle, sondern mehr „wie“ und „unter welchen Bedingungen“ das UAV eingesetzt wird. Außerdem wird es noch eine weitere Einteilung in 5 Risikokategorien (C0 – C4) geben. Jedoch prinzipiell sollte auf die drei Kategorien geachtet werden:

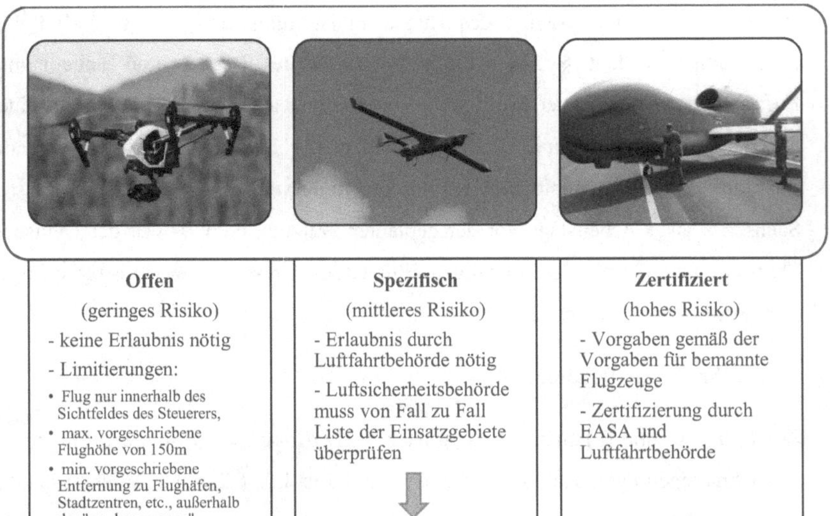

Abbildung 20: *Einteilung der UAV nach dem Sicherheitsrisiko für Dritte gemäß EASA*
In Anlehnung an European Aviation Safety Agency, 2015, S. 14–17

Bilder: (von links nach rechts)
Abbildung 21: *UAV in der Kategorie „offen"*
Quelle: https://www.bmvi.de/SharedDocs/DE/Artikel/LF/151108-drohnen.html (Zuletzt geprüft: 06.07.2019)
Abbildung 22: *UAV in der Kategorie „spezifisch"*
Quelle: https://www.hqmc.marines.mil/News/News-Article-Display/Article/553420/navy-and-marine-corps-small-tactical-uas-enters-production-phase/ (Zuletzt geprüft: 06.07.2019)
Abbildung 23: *UAV in der Kategorie „zertifiziert"*
Quelle: https://www.t-online.de/finanzen/boerse/news/id_63475856/euro-hawk-steuerzahlerbund-fordert-personelle-konsequenzen.html (Zuletzt geprüft: 06.07.2019)

In die Kategorie „Offen" fallen meist nur UAVs, welche privat für Freizeitzwecke genutzt werden, da sie nicht außerhalb des Sichtfeldes des Steuerers geflogen werden dürfen. Um einen einfacheren Einstieg zu ermöglichen, ist keine Erlaubnis nötig. Jedoch wird die Nutzung für eine Gewährleistung der Sicherheit stark reguliert.

Die spezifische Kategorie umfasst alle unbemannten Flugobjekte, welche außerhalb der Sichtweite fliegen, in ihrem Einsatzgebiet besiedelte Gebiete überqueren oder den Luftraum mit bemannten Flugobjekten teilen müssen. (EASA, S. 26) Um das UAV hinsichtlich seines Einsatzrisikos in seinen Anwendungsgebieten exakt zu überprüfen wurde das System „SORA" (Specific Operations Risk Assessment) entwickelt. Ins Leben gerufen wurde das Projekt von dem Expertengremium „JARUS" (Joint Authorities for Rulemaking on Unmanned Systems), in welchem mehrere Länder vertreten sind. Zudem wurde es primär zur Analyse unbemannter Flugobjekte in der Kategorie „spezifisch" entwickelt. (JARUS, 2019, S. 2) „[It] provides guidance to both the competent authority and the applicant as to what is required for an NAA authorization required to fly an Unmanned Aircraft System (UAS) in a given operational environment." (JARUS, 2019, S. 2)

Zur zertifizierten Kategorie gehören unbemannte Flugobjekte, welche Güter-, Cargo oder Personentransporte unternehmen. Für sie gelten dieselben Vorschriften wie für bemannte Cargo-Flugzeuge und müssen sicherheitstechnisch geprüft werden. Meist trifft dies für UAVs im Bereich MALE und HALE zu, da nur sie groß genug sind und die nötigen Vorrichtungen besitzen Güter und Personen zu transportieren.

Innerhalb der EU gibt es bislang keine einheitlichen Anforderungen an den Betrieb für unbemannte Flugobjekte und Drohnen. Dadurch ist eine länderübergreifende Nutzung für Unternehmen bislang sehr schwierig. Mit dem „Notice for Proposed Amendment (NPA)" befasst sich die Europäische Agentur für Flugsicherheit (EASA) in Zusammenarbeit mit der Europäischen Kommission daran, einheitliche europäische Standards zu erstellen. Dazu bedarf es jedoch die Verantwortlichkeit der EU für UAVs unter 150kg, welche bislang den Mitgliedsstaaten vorenthalten war. (Heinrich, 2018, S. 8)

Laut einer Studie von „My-Road.de“ sind eine Mehrzahl der Befragten der Meinung, die Drohnenverordnung von 2017 (entspricht LuftVO, speziell Abschnitt 5a) ist zu überreguliert.

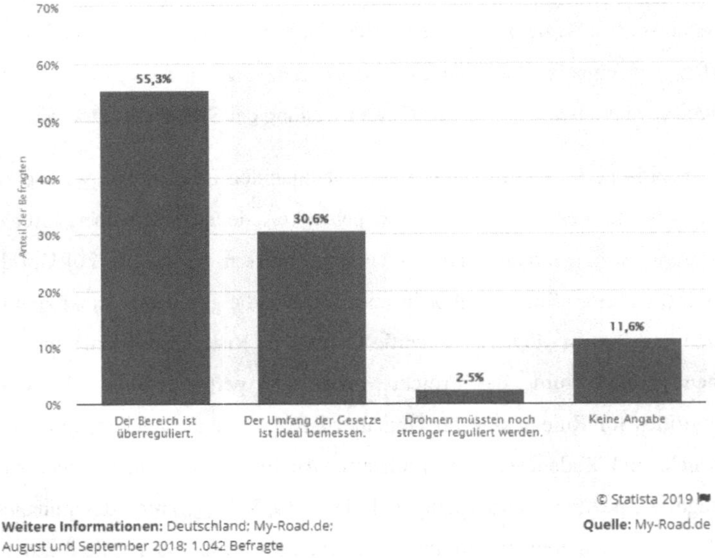

Abbildung 24: *Wie zufrieden sind Sie mit der am 01.10.2017 in Kraft getretenen Drohnen-Verordnung?*
Quelle: https://de.statista.com/statistik/daten/studie/986687/umfrage/umfrage-zur-zufriedenheit-mit-der-neuen-drohnen-verordnung/ (Zugriff: 18.07.2019)

Gemäß dem EU-Gesetzgebungsprozess wäre ein Inkrafttreten der Vorschläge im Jahr 2020 möglich. (Heinrich, 2018, S. 8) Jedoch sollte hier die Strenge der Risikobewertung in Frage gestellt werden. Der Grundgedanke eines risikobasierenden Bewertungssystems ist begrüßenswert. Allerdings sollte darauf geachtet werden, dass Behörden nicht aus der Befürchtung Fehler bei steigender Komplexität der Systeme zu machen, lieber keine Genehmigung erteilen. (Heinrich, 2018, S. 8) Aus diesem Grund ist auch auf eine gewisse Einfachheit der Zertifizierung zu achten, um der Überregulierung entgegenzuwirken.

3.4. Die Sicherheit von unbemannten Flugobjekten

In diesem Kapitel soll zusammenfassend über die Sicherheit von unbemannten Flugobjekten während des Fluges und bei Start und Landung diskutiert werden.

Bei unbemannten Flugobjekten handelt es sich um autonom fliegende Vehikel, die nicht aktiv gesteuert werden, sondern nur von einer Bodenkontrollstation aus verfolgt werden. Daraus ergibt sich zwar kein Sicherheitsrisiko für den Piloten mehr, jedoch muss dennoch auf unvorhergesehene Ereignisse während des Fluges reagiert werden. Dies können beispielsweise spontan auftretende Wetterverhältnisse oder auch ein Schwarm Vögel sein. Außerdem ist es gemäß § 21f LuftVO gesetzlich vorgeschrieben, dass unbemannte Flugobjekte bemannten Flugzeugen und unbemannten Freiballons ausweichen müssen. Dafür ist es sinnvoll UAVs mit gewissen Sicherheitsmechanismen auszurüsten:

- Positionslichter
- „FLARM“
  Dies ist ein Gerät zur Kollisionsvermeidung in der allgemeinen Luftfahrt. Es ist ausgestattet mit einem GPS-Modul und einem Funkgerät. Über einstellbare Frequenzen wird dauerhaft die Position an Flugteilnehmer in der Nähe übermittelt. Somit wird einem Zusammenstoß im Vorhinein aus dem Weg gegangen. (FLARM, 2019)
- Transponder
  Der Transponder ist ähnlich dem „FLARM“. Es besitzt lediglich ein Funkgerät, welches eingehende Signale aufnimmt und direkt welche aussendet.

Eine konstante Überwachung des UAS-Fluges durch einen Piloten wird durch handelsübliche Steuersysteme nur mit einer Reichweite von 1 bis 3 km vom Boden gewährleistet. (Dieckert & Eich, 2018, S. 52) Somit würde das unbemannte Flugobjekt bei langen Transporten nur bei Start und Landung überwacht werden können. Um jedoch auf oben genannte spontan eintretende Umstände reagieren zu können, sollte geprüft werden, ob der “Einsatz von UHF [ultra high frequency] long range […] Systemen für die Kontrolle der Flugsteuerung und für den FPV-Betrieb durch die Bundesnetzagentur“ (Dieckert & Eich, 2018, S. 52) möglich ist.

Um die Gefahren für dicht besiedelte Gebiete im Falle eines Absturzes zu minimieren, wäre es sinnvoll erste unbemannte Lufttransporte über unbesiedelten Gebieten zu testen. Zudem könnten extra konzipierte Start- und Landeplätze für unbemannte Flugobjekte sinnvoll sein, da normale Flughäfen und -plätze meist in besiedelten Gebieten stehen. Diese Start- und Landeplätze müssten einen Anschluss an das Straßen- oder Eisenbahnnetz besitzen.

Zudem wird bereits durch gesetzliche Einschränkungen, wie Limitierungen der Flughöhe oder die Einrichtung von Flugverbotszonen, ein sicherer Betrieb gewährleistet. Dies hat den Grund, dass die meisten kleineren unbemannte Luftfahrzeuge aufgrund der geringen Nutzlast und aus Kostengründen nicht gegen den Ausfall einzelner Komponenten abgesichert sind. (DLR, 2019)

Nichtsdestotrotz sind UAVs durch zahlreiche Limitierungen und Sicherheitssysteme an Board gut abgesichert. Eine Erprobung des Fluges unter den Bedingungen des Anwendungsgebietes sollte trotzdem immer erstmal in unbesiedelten Gebieten stattfinden. Ist der Flug ausreichend erprobt und statistisch sicher, kann, immer unter Einbeziehung staatlicher Behörden, der Einsatz erfolgen.

4. Entwicklung von Einsatzszenarien

Die folgenden Einsatzszenarien werden in drei Kategorien eingeteilt: Konservativ, liberal und progressiv. Konservativ bedeutet in diesem Sinne, dass bestehende Transportmechanismen auf unbemannte Flugobjekte übertragen werden. Außerdem soll der Einsatz der UAV sehr vorsichtig geschehen, um eine hohe Sicherheit zu gewährleisten. Im Gegensatz dazu sollen die progressiven Anwendungsfälle, ausreichend abgesichert, einen Transport von teuren, fragilen Transportgütern und von Notfalllieferungen darstellen. Hierzu sollen größere UAVs eingesetzt werden. Liberale Einsatzszenarien bilden einen Mittelweg, bei dem UAVs für Ersatzteillieferungen eingesetzt werden sollen und verschiedene Methoden für Start und Landung, Beladung und Entnahme und die Überwachung des Luftfahrzeuges Anwendung finden.

Tabelle 9 zeigt wie sich die Szenarien in den Kategorien charakterisieren lassen.

Tabelle 10: *Einteilung der Einsatzszenarien mit deren Merkmalen*

	Konservativ	**Liberal**	**Progressiv**
Sicherheits-maßnahmen	Hoch	Mittel	Ausreichend
Transport-güter	Risikoarme, billige Ersatzteile z. B. Kleinteile, Metallteile (Frontend, Räderachsen etc.)	Ersatzteile mit mittlerer Schadenshöhe, sperrige Güter z. B. Medikamente, elektrische Geräte (Batterien, Generatoren etc.) Notfallgüter in Katastrophenfällen	Teure, fragile Ersatz- und Notfallgüter z. B. Ersatzcomputer, Laborgeräte, Medizintechnik Organtransporte
Flugstrecken	Kurze Strecken, Einsatz in unbesiedelten Gebieten, über Wasser	Mittlere Streckenentfernungen, Flug über größtenteils unbesiedelten Gebieten, Meidung von Großstädten Lieferungen an abgeschiedene, schwer zu erreichende Orte z. B. Belieferungen von Ölbohrinseln, Südpolstation, Kreuzfahrtschiffe, etc.	Große Strecken, Start- und Zielorte auch in Großstädten (Krankenhäuser, Laboratorien, etc.)
Überwachung	Größtenteils vom Boden aus gesteuerter Flug (soweit Reichweite es zulässt), ansonsten autonomes Abfliegen der Route	Größtenteils autonomer Flug, Überwachung per Bodenkontrollstation Start und Landung gesteuert	Autonomer Flug und autonomer Start- und Landeprozess, Überwachung per Bodenkontrollstation

	Gesteuerter Start- und Landeprozess	Sicherheitsmechanismen wie FLARM, Radar für autonomes Ausweichen	Eigenständig abzufliegende Flugroute, autonomes Reagieren auf Einflüsse über FLARM, Radar, etc.
Güterbeladung und -entnahme	Von Hand in die „payload bays“ des UAV	Be- und Entladung erfolgt händisch Entladung per Abwurf möglich	Autonome Lade- und Entnahmefahrzeuge, welche in die Nase/Rumpf des UAV fahren können (Magnetgesteuert) Abwurf über dem Entladeort
Start- und Landemethoden	Auf Flugplätzen und -häfen	Start- und Landebahnen auf Flugplätzen und –häfen Pneumatische Startrampen Spezielle Landungen auf Wasser und auf Schnee mithilfe von Skiern	VTOL z. B. auf dem Helikopterlandeplatz eines Krankenhauses Auf Flugplätzen, aber auch auf freien Wiesen, Parkplätzen, etc.

4.1. Konservativ

Eine mögliche Implementierung von unbemannten Flugobjekten in vorhandene Strukturen wird in diesem Abschnitt untersucht.

(1) Eillieferungen zwischen den Lagern eines Ersatzteil-Poolings

Um eine dauerhafte Verfügbarkeit von Ersatzteilen in den Auslieferungslagern zu gewährleisten, könnten Nachschublieferungen durch unbemannte Flugobjekte eine effiziente Methode sein. Die Herausforderung besteht darin, das angefragte Ersatzteil im jeweiligen Auslieferungslager so schnell wie möglich im Inventar zu haben, denn der Ersatzteilbedarf ist sehr von der Nachfrage abhängig. Besser prognostizierbar ist der nach EOP des Primärproduktes. Eine Verwendung von UAVs würde sich somit auf den Zeitpunkt nach EOP des Primärproduktes beziehen.

➢ Annahme:

Ein Ersatzteillieferant hat sich auf Kleinteile, wie Schrauben und Muttern, sowie mechanische Ersatzteile für Autos in ganz Deutschland spezialisiert. Es spielt dabei für den Transport keine Rolle, ob das Unternehmen der Primärhersteller der Produkte, ein Lieferant oder ein Drittanbieter ist. Um die Verfügbarkeit von Ersatzteilen in verschiedenen Regionen sicherzustellen, prüft er nun die Verwendung von unbemannten Flugobjekten zum Transport zwischen den Lagern.

➢ Realisierung:

Am Anfang stellt sich die Frage, welches Ersatzteilpooling am sinnvollsten wäre. Da sich das horizontale und laterale Pooling eher für hochwertige und teure Güter anbieten, ist in diesem Fall das vertikale Pooling am meisten geeignet. Somit werden Ersatzteile jeweils von einem höhergestellten Lager nachgeliefert. Die UAVs übernehmen den Transport vom Zentrallager zu den Regionallagern und von den Regionallagern zu den Auslieferungslagern. Dies könnte wie in Abbildung 25 gezeigt, aussehen.

Das Zentrallager ist in der Mitte Deutschlands gelegen. Davon geht ein Regionallager Nord und ein Regionallager Süd aus. Von dort aus werden die Auslieferungslager im Norden und Süden des Landes beliefert.

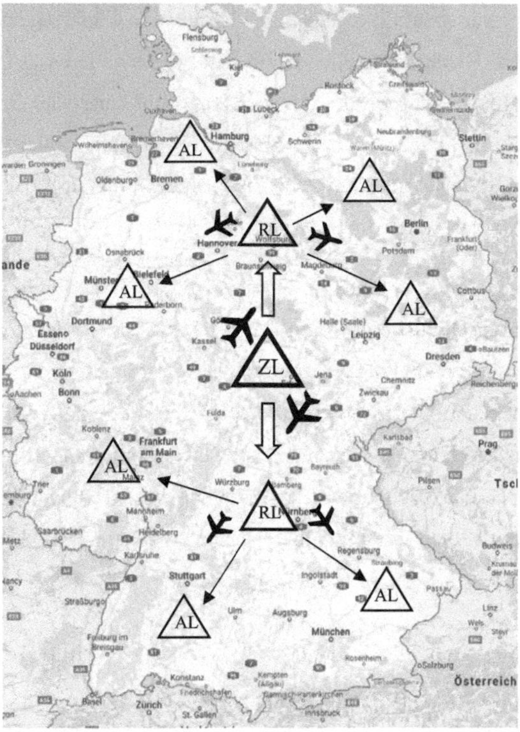

Abbildung 25: *Horizontales Ersatzteilpooling mit UAVs in Deutschland*
Quelle: Google Maps

Am Zentrallager sind zwei und an den Regionallagern jeweils zwei UAVs stationiert. Die können nach Bedarf eingesetzt werden.

Die ungefähren Entfernungen per Luftlinie zwischen den in der Karte dargestellten Lagern belaufen sich zwischen ca. 115 km (Nürnberg – Landshut) und 225 km (Wolfsburg – Münster). Um einen Hin- und Rückflug zu gewährleisten, sollte das UAV mindestens 450 km Reichweite besitzen. Außerdem ist eine hohe Traglast von Vorteil. Möglich wäre außerdem, den Transport vom Zentrallager zu den Regionallagern mit einem UAV mit höherer Traglast zu unternehmen, um die

Fluganzahl zu minimieren. Generell sollte bei der Planung der Flüge darauf geachtet werden, die Lager so gut wie möglich auszulasten und gleichzeitig so wenig wie nötige Flüge zu unternehmen. Somit kann das Ersatzteilpooling nachhaltig und umweltfreundlich gestaltet werden.

Für diese Aufgabe kommen drei der betrachteten Flugobjekte in Frage. Diese sind der Northrop Grumman RQ-4 Global Hawk, der General Atomics MQ-1C Gray Eagle und der IAI Heron 1. Dies sind alles UAVs im Bereich von MALE- und HALE-UAVs. Kleinere Luftfahrzeuge haben zwar ebenfalls die benötigte Reichweite, können jedoch nicht so viel tragen. Der Global Hawk ist verglichen mit den beiden anderen UAVs um einiges schneller und kann mehr transportieren. Jedoch ist er sehr teuer. Der Gray Eagle hat gegenüber dem Heron 1 den Vorteil, dass er bei ungefähr gleicher Reichweite und gleichem Gewicht, eine höhere Fluggeschwindigkeit besitzt. Außerdem kann etwas mehr Nutzlast transportiert werden.

Für das obige Beispiel könnten somit der General Atomics MQ-1C Gray Eagle die passende Lösung sein. Die Durchschnittsgeschwindigkeit beträgt 250 km/h, wodurch alle Strecken in weniger als einer Stunde Flugzeit unternommen werden können. Am Zentrallager können zwei Stück stationiert werden, um jeweils ein Regionallager zu versorgen. An den Regionallagern sollten wiederum auch jeweils zwei Exemplare zur Verfügung stehen, um flexibel auf die Nachfrage in den einzelnen Auslieferungslagern reagieren zu können. Die Lager sollten in unmittelbarer Nähe zu Flugplätzen oder -häfen sein, denn nur dort kann der Gray Eagle starten und landen.

- Bewertung:

Der Gray Eagle kostet rund 21,5 Mio USD, was 19,4 Mio. € entspricht. Bei 6 Flugobjekten belaufen sich die Investitionskosten also auf ca. 116,4 Mio. €. Dazu kämen noch Sprit- und Instandhaltungskosten als variable Größen. Für einen Lieferanten oder Drittanbieter sind dies wahrscheinlich zu hohe Kosten, die das Unternehmen nicht stemmen könnte. Eine Möglichkeit wäre, an den Lagern nur jeweils ein UAV zu positionieren, um herauszufinden, ob sich die Investition lohnt. Bei erhöhter Nachfrage können weitere Luftfahrzeuge gekauft werden.

4.2. Liberal

(1) Notfalllieferungen in Katastrophenfällen

Im Falle von Naturkatastrophen oder Kriegen wird meistens schnell Abhilfe in Form von Nahrung, Wasser und Medizin benötigt. Diese werden heutzutage per Helikopter oder Flugzeug in die jeweiligen Regionen transportiert. Jedoch können durch UAVs eine höhere Flexibilität erreicht werden. Zudem sind bei Überschwemmungen, Flutwellen oder Wirbelstürmen bestimmte Gebiete nur schwer zu erreichen. Straßen können überschwemmt sein und durch umgestürzte Bäume verwüstet sein. Flughäfen können durch erschwerte klimatische Bedingungen den Betrieb nicht ordnungsgemäß aufnehmen. Unbemannte Flugobjekte sind in der Regel sehr wetterresistent konstruiert. Selbst bei großem Wind oder Starkregen sind sie in der Lage ihre Flugroute autonom abzufliegen.

➢ Realisierung:

Da die Lieferungen meist in verschiedene Dörfer und Regionen verteilt werden müssen, bietet es sich an, die Güter unterhalb des UAVs anzubringen und bei Bedarf auszuklinken. Dafür bieten sich zwei UAVs der Firma General Atomics an. Der MQ-1B Predator und der MQ-1C Gray Eagle besitzen die Möglichkeit an extern Nutzlasten zu transportieren. Demnach kann von Region zu Region einen Teil der Lasten abgeworfen werden. Ein solcher Transportprozess könnte folgendermaßen aussehen:

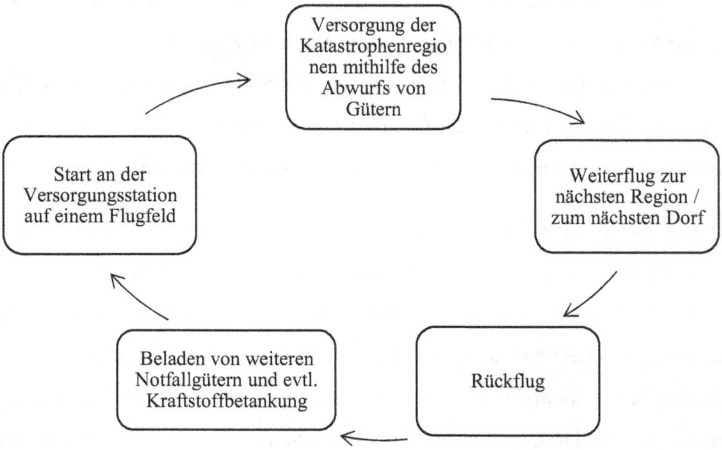

Abbildung 26: *Notfalllieferungs-Zyklus mit UAVs*

- Bewertung:

Eine Nutzung der UAVs für solche Notfalllieferungen könnte für Hilfsorganisationen, wie z. B. das „Deutsche Rote Kreuz“, relevant sein. Wenn klimatische Bedingungen einen Flug für bemanntes Personal zu gefährlich erscheinen, können UAVs eine sinnvolle Variante sein. Sollen UAVs generell zum Einsatz kommen, müssen sie wirtschaftlich effizienter als bemannte Flugzeuge und Helikopter sein. Deshalb sollte eine Investition in ein oder mehrere UAVs durch die jeweilige Organisation geprüft werden.

(2) Belieferung von abgelegenen Orten

Abgeschiedene Orte, wie z. B. Ölbohrinseln, die „Amundsen-Scott-Südpolstation“ oder Spitzbergen, sind meist nur durch lange Schiffsfahrten erreichbar. Eine schnellere und flexiblere Möglichkeit wäre es, diese Orte per UAV mit Nahrungsmitteln, Kraftstoff, etc. zu beliefern.

- Realisierung:

Die Entfernungen belaufen sich in diesen Fällen auf mehrere tausend Kilometer Luftlinie. Spitzbergen könnte von Norwegen aus und die Südpolstation von Argentinien oder Australien aus beliefert werden. Dadurch muss das UAV über eine große Reichweite verfügen. Außerdem sollte es viel transportieren können.

Speziell die Landung an den Orten ist schwer zu realisieren. Jedoch besteht die Möglichkeit, wie bereits bei manchen bemannten Flugzeugen, UAVs mit „Skiern“ auszurüsten, damit sie in der Antarktis und auf Spitzbergen auf eisigem Untergrund problemlos landen können. Da Ölbohrinseln im Meer sind, kann hier ebenfalls das Flugobjekt mit entsprechenden Vorrichtungen auf dem Wasser landen.

Für eine Belieferung der Südpolstation wäre der Northrop Grumman RQ-4B Global Hawk die beste Lösung. Er besitzt, neben einer großen Reichweite, die Möglichkeit bis zu 1,36t Last zu transportieren. Dort kann er mit ausfahrbaren „Skiern“ auf einem nahegelegenen flachen Untergrund landen. Für eine Belieferung von Spitzbergen kann ebenfalls der Global Hawk eingesetzt werden. Allerdings ist die Entfernung zu besiedeltem Festland, in diesem Fall Norwegen, nicht so groß. Somit könnte man den MQ-1C Gray Eagle oder den IAI Heron 1 in Betracht ziehen. Diese könnten zwar weniger transportieren und sind langsamer, kosten jedoch nur einen Bruchteil des

Global Hawk. Auch Ölbohrinseln können mit dem Gray Eagle und dem Heron 1 beliefert werden.

Unbemannte Helikopter können ebenfalls in Betracht gezogen werden. Der große Vorteil ist, dass einen VTOL-Start und -Landung durchführen können. Außerdem können sie Nutzlast an der Unterseite an externen Vorrichtungen transportieren. Jedoch sind sie für große Reichweiten, wie in diesem Beispiel, ungeeignet. Dieckert und Eich bringen diesen Nachteil gut auf den Punkt:

> Für einen weiten Lastentransport kommen Helikopter und Multicopter nicht in Frage, weil die Energie zur Auftriebserzeugung in enger Abhängigkeit zur Akkukapazität steht. Hingegen kann bei gleicher Akkuleistung den Tiltrotoren und Tiltwings die Reichweite im Geradeausflug aufgrund der Auftrieb liefernden Tragfläche wesentlich gesteigert werden. (2018, S. 51)

Am effizientesten wäre dabei ein senkrechter Start auf Flughöhe ähnlich einem Multicopter. Somit wird zwar die gleiche Energie verbraucht, wie sie ein Helikopter / Multicopter verbrauchen würde, jedoch ist der darauffolgende Geradeausflug der Tiltwings / UAVs wesentlich effizienter. „Die energieeffiziente Reisegeschwindigkeit ist bei ca. 30% über der Mindestfahrt erreicht. Dann können die Motoren teilweise abgeschaltet oder die Drehzahl erheblich gedrosselt werden.“ (Dieckert & Eich, 2018, S. 51)

Ist eine Landung auf Schnee oder Wasser nicht möglich, gibt es noch eine andere Möglichkeit: Erreicht das UAV den Zielort, wird entweder die Ladung über dem Zielort abgeworfen oder nach einer senkrechten Landung entnommen. Dafür könnten VTOL-Systeme installiert werden. Die Landung könnte somit genau wie der Start vertikal erfolgen.

- Bewertung:

Eine Finanzierung dieser UAVs erfolgt im Falle einer Güterversorgung für Südpolstation und Spitzbergen vom Staat. Im Falle der Belieferung von Ölbohrinseln muss das zuständige Ölunternehmen eine Investition vornehmen. Der Vorteil einer Belieferung mit UAVs wäre eine Zeiteinsparung gegenüber einem Schiffstransport. Speziell bei dringenden Lieferungen, z. B. im Falle eines Notfalls, können die Luftfahrzeuge schnell und flexibel eingesetzt werden. Außerdem fliegen sie autonom, womit sich die Kosten für Pilot und Crew einsparen lassen.

Aufgrund dessen, dass diese Orte von besiedelten Gebieten weit entfernt sind, können die UAVs ungehindert fliegen. Somit verringert sich das Sicherheitsrisiko im Falle eines Ausfalls. Außerdem gibt es über dem Meer meist keine Sperrzonen für unbemannte Flugobjekte, wie z. B. über Flughäfen oder Naturschutzgebieten. Die UAVs können den direkten Weg zum Ziel abfliegen ohne größere Umwege in die Routenplanung einfließen zu lassen.

4.3. Progressiv

Zwei Beispiele für Anwendungsfälle in der Notfallversorgung mit unbemannten Flugobjekten werden in diesem Abschnitt dargestellt.

(3) Ersatzteillieferungen von medizinischen Laborgeräten und Medizintechnik

Im Falle eines Ausfalls von Laborgeräten in einem Krankenhaus oder einer Notfallchirurgie könnten unbemannte Flugobjekte schnelle Abhilfe leisten. Um ein konkretes Beispiel darstellen zu können, soll es hierbei um die Lieferung eines Chirurgiegerätes gehen (siehe Abbildung 27).

Abbildung 27: *Chirurgiegerät*
Quelle: KS Medizintechnik

- Annahme:

In einem Krankenhaus in Moskau ist ein Chirurgiegerät ausgefallen und es wird dringend ein neues benötigt. Dazu wird bei der Firma „KS Medizintechnik“ ein Gerät für 9994 € bestellt, da die Firma als einzige in Europa diese speziellen Chirurgiegeräte auf Lager hat. Aufgrund der besonderen Dringlichkeit greift die Firma auf einen Transport mit einem UAV zurück.

- Realisierung:

Das Gerät wiegt lediglich 6 kg, ist jedoch von hoher Wichtigkeit. Die Firma hat ihren Sitz bei Kassel. Somit beträgt die Entfernung per Luftlinie von Kassel nach Moskau rund 1920 km. Dadurch kommen vier, in Kapitel 3.2.3. vorgestellte, UAVs in Frage: Der Northrop Grumman RQ-4B Global Hawk, der General Atomics MQ-1C Gray Eagle, der IAI Heron 1 und der Boeing Insitu Integrator. Aufgrund dessen, dass das zu transportierende Gerät nicht besonders groß und schwer ist, fällt die Auswahl entweder auf den IAI Heron 1 oder den Boeing Insitu Integrator. Beide besitzen die ca. selbe durchschnittliche Fluggeschwindigkeit von 162 – 166 km/h. Somit beträgt die Flugzeit rund 11,9 – 11,6 h. Der Integrator kann im Gegensatz zum Heron 1 mithilfe einer pneumatischen Startrampe gestartet werden. Außerdem kann er vor Ort von einer Wiese des Moskauer Krankenhauses mithilfe des „Mark 3 SkyHook" gestoppt werden. (siehe Abbildung 28) Die Be- und Entladung erfolgt am einfachsten per Hand, da der Insitu Integrator in der Nase Stauraum besitzt. Danach kann er wiederum über eine Startrampe den autonomen Rückflug bewältigen. Eine Neubetankung des Fluggerätes kann nach erfolgreicher Rückkehr bei der Firma geschehen. Die Reichweite des Insitu Integrators lässt dies ausreichend zu.

Abbildung 28: *Boeing Insitu Mark 3 SkyHook*
Quelle: https://aviationweek.com/defense/us-marine-corps-explores-extended-range-blackjack (Zuletzt geprüft: 30.07.2019)

Die Flugroute wird durch das UAV autonom abgeflogen, sodass nur durch FLARM und Transponder während des Fluges auf externe Einflüsse reagiert wird. Somit wäre ein schneller und sicherer Transport durch dieses UAV gewährleistet.

Folgende Abbildung zeigt den Zyklus eines solchen Transportes.

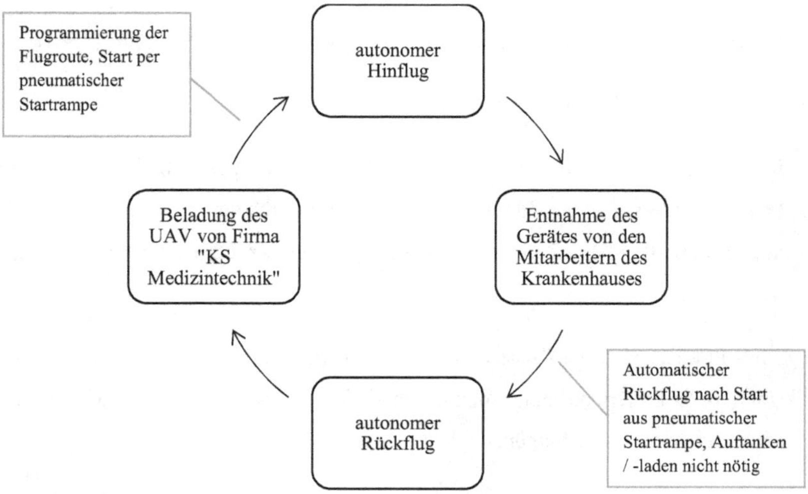

Abbildung 29: *Transportzyklus durch den Boeing Insitu Integrator*

- Bewertung:

Der Boeing Insitu Integrator ist für Transporte von teuren, kleineren Gütern und Ersatzteilen über eine große Strecke sehr gut geeignet. Er kann flexibel gestartet und gelandet werden, wodurch ein Transport zu und von einem Flugfeld entfällt. Zudem spart dies Zeit ein. Eine Investition eines solchen UAVs kostet rund 8,8 Mio. USD, was nach dem Wechselkurs vom 31.07.2019 rund 7,9 Mio. € entspricht. Der Umsatz für die oben beschriebene Auslieferung sieht folgendermaßen aus:

Umsatz = 9994 € (Preis) + Lieferpauschale in € - Kerosinpreis in €/l * Verbrauch in l/h * Flugdauer in h

Instandhaltungs- und Wartungskosten werden aufgrund fehlender Informationen außer Acht gelassen. Der Kerosinpreis beträgt am 31.07.2019 0,48 €/l. Laut „ULMagazin" verbraucht ein Ultraleichtflugzeug mit einem 80PS – Motor rund 14 l/h. (2016) Der Insitu Integrator besitzt einen 8PS – Motor mit Kraftstoffeinspritzung. (Insitu, 2015) Somit lässt sich der Kraftstoffverbrauch nur schätzen. Mit der Annahme, der Verbrauch ist mit der Leistung proportional, ergibt sich ein Verbrauch von 1,4 l/h. Die Umsatzformel sähe folgendermaßen aus:

Umsatz = 9994 € + Lieferpauschale - 0,48 €/l * 1,4 l/h * 11,9 h

= 9994 € + Lieferpauschale – 8,00 €

Kann die Annahme des Verbrauches bestätigt werden, ergibt sich, dass der Verbrauch fast vernachlässigbar ist. Zudem ist der Integrator durch den geringen Verbrauch sehr umweltfreundlich. Im Zuge der Nachhaltigkeit in der Logistik ist dies ein großer Vorteil.

Alles in allem sind die Kosten für einen Transport sehr gering. Bei Veranschlagung einer hohen Lieferpauschale, könnte sich ein Transport durch den Insitu Integrator für teure Geräte durchaus lohnen.

(4) Organtransporte

Ein Transport von Organen bedarf zusätzlich zu einem schnellen Transport besondere Sicherheitsmaßnahmen und eine eventuell eingebaute Kühlung. Heutzutage geschieht dies meist durch Krankentransporte, welche aus den Organ- und Blutspendezentren die benötigten Organe zum Krankenhaus transportieren. Diese Spendezentren sind in zahlreichen Großstädten in Deutschland positioniert, wodurch ein Transport in den meisten Fällen über eine kleinere Distanz erfolgen.

Damit bietet sich der AAI RQ-7B Shadow als Transportmittel an. Mit einer Reichweite von 110 km sollte in Transport zu einem Krankenhaus problemlos erfolgen. Die Route würde wieder autonom nach vorheriger Programmierung abgeflogen werden. Die Beladung sollte vorsichtig per Hand erfolgen. Als Entlademechanismus könnte ein Abwurf über einer gekennzeichneten, ausreichend gesicherten Stelle sinnvoll sein. Je nach Entfernung ist am Zielort eine Betankung / Aufladung abzuwägen.

Außerdem sollte das UAV im Rumpf eine Kühlung eingebaut haben, um das Organ auch während des Transportes zu konservieren.

Die Investitionssumme des AAI RQ-7B Shadow beträgt rund 16 Mio. USD, was ca. 14,4 Mio. € entspricht. Da in diesem Falle „non-profit“ – Organisationen den Einsatz unternehmen, entsteht kein Gewinn. Eine Investition könnte deswegen vom Staat geprüft und gefördert werden.

5. Fazit und Ausblick

Die meisten Analysen deuten darauf hin, dass die Zahl der unbemannten Flugobjekte in den nächsten Jahren zunehmen wird. Speziell im gewerblichen Sektor wird die Nutzung immer populärer werden. Doch auch militärisch werden UAVs weiterhin eine wichtige Rolle spielen, denn sie gewährleisten Einsätze und Aufklärungsmissionen ohne die Sicherheit von Menschen zu gefährden. Jedoch hängt eine Entwicklung am Markt von wichtigen Faktoren ab. Es müssen Gesetze und Regeln entwickelt werden, die einen sicheren und umweltfreundlichen Flug gewährleisten. Gleichzeitig muss darauf geachtet werden, die Bedürfnisse der Bürger bezüglich Privatsphäre und Datenschutz zu erfüllen. Außerdem müssen Vorschriften gelten um unbemannte Flugobjekte vollständig und sicher in den Luftraum zu integrieren. In diesem Zusammenhang müssen UAVs auch die technischen Voraussetzungen für eine vollständige Überwachung und Steuerung besitzen. Sicherheitstechnische Maßnahmen wie automatisches Ausweichen und die Übermittlung aller Flugdaten via Radar und Radiofrequenzen an andere Flugteilnehmer sollte zum Standard werden.

Im Bereich der Logistik und speziell der Ersatzteil- und Notfalllogistik besitzen unbemannte Flugobjekte großes Potenzial. Mit dem Projekt „ALAADy" des Deutschen Luft- und Raumfahrtzentrums wird an einer Verwendung von UAVs in der Logistik geforscht und bereits erfolgreich erprobt. In Katastrophenfällen können sie flexibel mithilfe von Startrampen oder Flugplätzen starten und somit sehr schnelle Abhilfe leisten. Auch bei Organtransporten sind bestimmte Typen in der Lage schneller als andere Transportvehikel den sicheren Transport zu übernehmen. Abgelegene Gebiete können sie mit Nahrungsmitteln, Kraftstoff etc. beliefern. Dies hat zudem den Vorteil, beim Überfliegen von Meeren und unbesiedelten Gebieten, die Gefahr bei einem Ausfall zu minimieren. Im Bereich der Ersatzteillogistik können sie sinnvoll in bestehende Strukturen implementiert werden. Der Transport zwischen Ersatzteillagern zur Umstrukturierung und für eine schnelle Reaktion auf regionale Nachfrage bietet ein passendes Anwendungsgebiet für UAVs.

A. Anhang

a. Zusammenfassender Bericht in englischer Sprache

Today, the market for unmanned aerial vehicles is dominated by the military sector. However, different ways of applications to science, wildlife surveillance and transport came up recently. Different studies show, that the number of UAVs and drones will increase in the future. In the military sector new technologies will be developed and UAVs will be more efficient in their purpose. Though, also the use for companies will become more popular, when better logistics solutions will be designed. However, better solutions depend on different external factors.

Firstly, regulations and the German law have to suit the purposes of unmanned aerial vehicles. Currently, regulations are strict and constrictive, which makes it difficult for UAV – steerer to find design an appropiate flying route. Furthermore, the bureaucratic effort is still very high. Before you are able to let an UAV fly, you have to contact different agencies. Then, they have to prove the case and give their permission. With the upcoming standardized regulations, suggested by the European Aviation Safety Agency in the Notice for Proposed Amendment, permissions can be more easily given, while providing the same standards of safety. They developed three UAV – categories, dependent on the vehicle's weight, size and purpose, for which specific safety rules are in force. Besides, with the implemented safety checking system „SORA", the bureaucratic effort will be decreased.

Secondly, the technological requirements for surveillance on the flight should be a standard. Equipment, like radar and „FLARM", which is a system for automatic crash avoiding, should be installed on every unmanned aircraft.

In the industrial sector of logistics, UAVs are not very popular yet. One promising project ist the „ALAADy" – „Automated Low Altitude Air Delivery" by the German Center for Aerospace. They are testing a transportation of goods with a gyrocopter on a low flying altitude. The solutions, they will develop, are then implemented into bigger UAVs with a payload up to 1000 kilograms. Looking at implementations in the emergency and spare parts logistics, unmanned aerial vehicles have a big potential of substituting other forms of transportation. A transportation between warehouses in a spare parts network can be a possible application. Therefore, UAVs can head off peaks of demands in different warehouses in different regions. Unmanned aircraft have the advantage of being fast and flexible. Some can be started from pneumatic launchers and so, do not require a runway. Moreover, transporting organs from organ-centers to hospitals can be executed by UAVs fastly and with the required cooling and safety. In cases of natural disasters, unmanned aircraft can be used to deliver life-safing goods, such as water, food and medicine, to the region. With the benefit of flying autonomously, the risk for pilot and crew in cases of dangerous flights is eliminated.

To put it in a nutshell, unmanned aerial vehicles can be used in the logistics meaningfully. Compared to manned aircraft, though, UAVs have to be more economically and ecologically efficient, which is not the case today. However, with different developments in technology and regulatory, it is possible to see unmanned aircraft used in logistics more often in the future.

Literaturverzeichnis

BMVI. (2019). *Was ist eine "Drohne"?,* Bundesministerium für Verkehr und digitale Infrastruktur. Zugriff am 17.06.2019. Verfügbar unter https://www.bmvi.de/SharedDocs/DE/Artikel/LF/151108-drohnen.html?nn=212910

Bundesministerium für Verkehr und digitale Infrastruktur. (2015). Luftverkehrs-Ordnung. LuftVO. Zugriff am 15.07.2019. Verfügbar unter https://www.gesetze-im-internet.de/luftvo_2015/BJNR189410015.html#BJNR189410015BJNG000100000

Bundesministerium für Verkehr, Bau und Stadtentwicklung. (September 2008). *Masterplan Güterverkehr und Logistik* (Die Bundesregierung, Hrsg.). Berlin.

Bundeswehr. (2019, 30. Januar). *Heron 1,* Luftwaffe. Zugriff am 22.07.2019. Verfügbar unter https://www.luftwaffe.de/portal/a/luftwaffe/start/waff/aufkl/heron/!ut/p/z1/hU5PC4IwHP0sHbzuN1yadrNDVEgWBukuMXVNYzqZS_v4GZ6CpHd7f31AIQHasL4SzFSqYXLkKXVvGy-8hLZv22HkE7zf2cvj1jkT7BG4_gvQ0cYzCDDEBYd03FjNbkQuxECBPljPXqhV2khuEMs_DyEtWVNIflJ5MAkHoEKqbLoeNBnxBFDN71xzjZ56lEtj2m5tYQsPw4CEUkJylKvawr8qpeoMJN9JaOtkwMSRfRgs3vVWonE!/dz/d5/L2dBISEvZ0FBIS9nQSEh/#Z7_B8LTL2922LO930IH24NF5Q30O6

Dauer, J. (2016). *ALAADy - Konzeption und Simulation eines Systems mit 1 Tonne Nutzlast,* Institut für Flugsystemechnik. Zugriff am 12.06.2019. Verfügbar unter https://www.dlr.de/ft/desktopdefault.aspx/tabid-13224/22375_read-53674

Deagel. (2009). *RQ-7A Shadow.* Zugriff am 30.07.2019. Verfügbar unter http://www.deagel.com/Support-Aircraft/RQ-7A-Shadow-200_a000513001.aspx

Defense Industry Daily. (2012, 4. Juli). *A160 Hummingbird: Boeing's Variable-Rotor VTUAV.* Zugriff am 30.07.2019. Verfügbar unter https://www.defenseindustrydaily.com/a160-hummingbird-boeings-variable-rotor-vtuav-03989/

Deutsche Post DHL Group, Alexander Edenhofer (Mitarbeiter). (2019). *DHL Paketkopter.* Zugriff am 01.07.2019. Verfügbar unter https://www.dpdhl.com/de/presse/specials/dhl-paketkopter.html

Deutscher Bundestag. (2014). *Unbemannte Drohnen und Beobachtungssatelliten. Unterschiede und Gemeinsamkeiten der technologischen Leistungsprofile in der zivilen und militärischen Anwendung.* Zugriff am 17.06.2019. Verfügbar unter https://www.bundestag.de/resource/blob/406126/a7e9c56a0972eaf19363c26f8a0d01a9/wd-2-016-14-pdf-data.pdf

Dieckert, U. & Eich, S. (Hrsg.). (2018). *Drohnen -Technik und Recht. Bei gewerblicher und behördlicher Nutzung* [1. Auflage].

DLR. (2019). *Realisierung eines Prototyps: ALAADy-Demonstrator. Realisierung eines Prototyps für den tieffliegenden unbemannten Lufttransport.* Zugriff am 26.07.2019. Verfügbar unter https://www.dlr.de/ft/desktopdefault.aspx/tabid-13224/22375_read-53675

European Aviation Safety Agency. (2015). Advanced Notice of Proposed Amendment 2015-10: Introduction of a regulatory framework for the operation of drones. A-NPA 2015-10. Zugriff am 05.07.2019. Verfügbar unter https://www.easa.europa.eu/sites/default/files/dfu/A-NPA%202015-10.pdf?fbclid=IwAR1I7FRgWMaVyoM9biNQIs_hNbfbjSoqIYWYY0m9ugjgc4g2AM-ujhwLii4

FLARM. (2019). *Was ist FLARM?* Zugriff am 26.07.2019. Verfügbar unter https://flarm.com/de/

Gundlach, J. (2016). *Civil and commercial unmanned aircraft systems* (AIAA Education Series). Reston, VA: American Institute of Aeronautics and Astronautics Inc.

Hasan, Y. J. (2017). *Konzeptuntersuchungen für ein zukünftiges unbemanntes Lufttransportsystem*. Masterarbeit. Braunschweig. Zugriff am 09.05.2019. Verfügbar unter https://elib.dlr.de/115955/

Hegmann, G. (WELT, Hrsg.). (2019, 22. Juni). *Die große Schwäche der US-Drohne*. Zugriff am 19.07.2019. Verfügbar unter https://www.welt.de/print/die_welt/wirtschaft/article195709635/Die-grosse-Schwaeche-der-US-Drohne.html

Heinrich, O. (2018). *Rechtsrahmen für die Nutzung von Drohnen in Deutschland.* Zugriff am 16.07.2019. Verfügbar unter http://www.bho-legal.com/wp-content/uploads/2018/03/Heinrich-Rechtsrahmen-f%C3%BCr-die-Nutzung-von-Drohnen-in-Deutschland.pdf?fbclid=IwAR1vOl6tK1XWISTOCsad2SeHAaSsa7OQwgO5ly7JDNbeYy0VuMC87ZqXVBs

Insitu. (2015, 25. September). *RQ-21A Blackjack.* Zugriff am 01.08.2019. Verfügbar unter https://web.archive.org/web/20150925204829/http://www.insitu.com/systems/integrator/rq-21a-blackjack

JARUS. (2019). JARUS guidelines on Specific Operations Risk Assessment (SORA). Zugriff am 06.07.2019. Verfügbar unter http://jarus-rpas.org/sites/jarus-rpas.org/files/jar_doc_06_jjarus_sora_executive_summary.pdf

Jha, P.D. A. R. (2017). *Theory, Design, and Applications of Unmanned Aerial Vehicles*. Retrieved from http://gbv.eblib.com/patron/FullRecord.aspx?p=4748375

Keller, J. (Military & Aerospace Electronics, Hrsg.). (2013, 28. November). *Navy buys one Insitu RQ-21A Blackjack UAV in preparation for ramping-up production.* Zugriff am 25.07.2019. Verfügbar unter https://www.militaryaerospace.com/unmanned/article/16715459/navy-buys-one-insitu-rq21a-blackjack-uav-in-preparation-for-rampingup-production

Krieger, W. Tonnenkilometer (tkm). In *Gabler Wirtschaftslexikon.* Zugriff am 31.07.2019. Verfügbar unter https://wirtschaftslexikon.gabler.de/definition/tonnenkilometer-tkm-50606

Landesdirektion Sachsen. (2018, 17. August). *Achtung: Betrieb mit unbemannten Fluggeräten! Was ist beim Betrieb von Flugmodellen und Drohnen entsprechend der neuen Drohnen-Verordnung zu beachten?* Zugriff am 15.07.2019. Verfügbar unter https://www.lds.sachsen.de/luftverkehr/?ID=12256&art_param=478

Lasch, R. (2014). *Strategisches und operatives Logistikmanagement: Prozesse* (Lehrbuch, / Rainer Lasch ; 2). Wiesbaden: Springer Gabler.

Lettice, J. (The Register, Hrsg.). (2003, 25. März). *UAVs, drones of death, what can you get fpr $300k? A register price check.* Zugriff am 30.07.2019. Verfügbar unter https://www.theregister.co.uk/2003/03/25/uavs_drones_of_death_what/

Lillian Gipson (NASA Aeronautics Research, Hrsg.). (2019). *UAS Integration in the NAS Research Activities.* Zugriff am 01.07.2019. Verfügbar unter https://www.nasa.gov/aeroresearch/programs/iasp/uas/uas-research-activities

Lufthansa Cargo AG (Lufthansa AG, Hrsg.). (2019). *Die B777F auf einen Blick.* Zugriff am 19.07.2019. Verfügbar unter https://lufthansa-cargo.com/documents/20184/38874/LCAG_777_de.pdf/d53ff241-3964-4dd4-813d-a771471f25cd

Meincke, P. A. (2018, November). *Innovative Konzepte für agile Logistik: Integration Unbemannter Frachtflugzeuge in die Logistikkette: Das DLR-Projekt ALAADy*, Neu-Ulm. Zugriff am 09.05.2019. Verfügbar unter https://elib.dlr.de/124467/

Notgemeinschaft der Flughafen-Anlieger Hamburg e.V. (2019). *Klimakiller Flugzeuge,* Bundesvereinigung gegen Fluglärm e.V. Zugriff am 19.07.2019. Verfügbar unter https://www.fluglaerm.de/hamburg/klima.htm

Petermann, T. & Grünwald, R. (Mai 2011). *Stand und Perspektiven der militärischen Nutzung unbemannter Systeme. Endbericht zum TA-Projekt* (TAB beim Bundestag, Hrsg.). Büro für Technikfolgen-Abschätzung beim Deutschen Bundestag. Zugriff am 16.07.2019. Verfügbar unter https://www.tab-beim-bundestag.de/de/pdf/publikationen/berichte/TAB-Arbeitsbericht-ab144.pdf?fbclid=IwAR0SOrUnFzgaa3AyVDi45GTsVhaoaWHUsV4BRqiUg3p7Dhej4t3Hn34sAgY

Sadraey, M. H. (2017). *Unmanned aircraft design. A review of fundamentals* (Synthesis lectures on mechanical engineering, #4). https://doi.org/10.2200/S00789ED1V01Y201707MEC004

Steinke, S. (FlugRevue, Hrsg.). (2017, 28. März). *Boeing hat die hauseigenen Listenpreise für Verkehrsflugzeuge erhöht. Gegenüber der letzten Preiserhöhung vom Juli 2015 stiegen die Listenpreise um rund 2,2 Prozent.* Zugriff am 19.07.2019. Verfügbar unter https://www.flugrevue.de/zivil/neuer-zweistrahler-777-9-ist-am-teuersten-boeing-erhoeht-die-listenpreise/

Tractica. (2016, 15. September). *Prognose des Umsatzes mit gewerblich genutzten Drohnen in Europa in den Jahren 2015 bis 2025 (in Millionen US-Dollar).* Zugriff am 18.07.2019. Verfügbar unter https://de.statista.com/statistik/daten/studie/661523/umfrage/umsatz-mit-gewerblich-genutzten-drohnen-europa/

U.S. Air Force (U.S. Air Force, Hrsg.). (2015). *MQ-1B Predator.* Zugriff am 24.06.2019. Verfügbar unter https://www.af.mil/About-Us/Fact-Sheets/Display/Article/104469/mq-1b-predator/

ULMagazin. (2016, 27. April). *Richtig kalkuliert – So viel kostet der Unterhalt eines ULs.* Zugriff am 01.08.2019. Verfügbar unter https://www.ulmagazin.de/richtig-kalkuliert-so-viel-kostet-der-unterhalt-eines-uls/

US Government Accountability Office. (März 2015). *Assessment of Selected Weapon Programs.* Zugriff am 30.07.2019. Verfügbar unter https://www.gao.gov/assets/670/668986.pdf#page=125

US Government Accountability Office. (März 2019). *Assessments of Selected Weapon Programs.* Zugriff am 30.07.2019. Verfügbar unter https://www.gao.gov/assets/660/653379.pdf

Van Blyenburgh, P. (2009, 10. November). *UAS - Towards Civil Applications. UAS: The Global Perspective.* Graz, Österreich: UVS International. Zugriff am 16.07.2019. Verfügbar unter https://www.ffg.at/sites/default/files/allgemeine_downloads/thematische%20programme/veranstaltungen/06_uastheglobalperspectivevanblyenburgh.pdf?fbclid=IwAR1ml7y9R0D2tmpUnDVloaWbso2MxEuMIhCYDSKg3JR2y2yPfkKLbpd2Y4Q

FSC
www.fsc.org
MIX
Papier | Fördert gute Waldnutzung
FSC® C083411

Kolibri 360 GmbH
Ferdinand-Jühlke-Straße 7
99095 Erfurt, Deutschland
produktsicherheit@kolibri360.de

Druck:
CPI Druckdienstleistungen GmbH
im Auftrag der
Kolibri 360 GmbH
Ferdinand-Jühlke-Str. 7
99095 Erfurt